CHARDONS NANCÉIENS,

OU

PRODROME

D'UN

CATALOGUE DES PLANTES

DE LA LORRAINE,

1er FASCICULE,

PAR LE DOCTEUR HUSSENOT,

Qui N'est Rien, Pas Même médecin; membre d'Aucune acad., corresp. d'Aucune soc. savante; qui N'est Ni de la soc. royale des sciences lettres et arts de Nancy, Ni de la soc. centr. d'agricult. de la même ville; Pas Plus de la soc. d'émulation des Vosges Que de celle philomathique de Verdun, Ou d'Aucune de celles de Metz; directeur d'Aucun jardin public Ou particulier; conservateur d'Aucune collection, autre que la sienne, qui se mange des bêtes; rédacteur de Rien Du Tout; enfin, Simple Citoyen comme tout le monde, hors qu'il N'est Pas décoré.

Dignus-ne sum intrare in vestrum doctum corpus, Plantisectæ, Epitrichoscopi, Villicolæ?

NANCY,
IMPRIMERIE DE DARD, RUE DES CARMES, N° 20.

1835.

ABRÉVIATIONS.

'	Pied.
''	Pouce.
'''	Ligne.
DC.	Decandolle.
Rchb.	Reichenbach.
qqf.	quelquefois.
qq.	quelque.
ord.	ordinaire.
ordm.	ordinairement.
+	plus.
—	moins.
±	plus ou moins.

Il n'y aura que les sots qui ne me liront pas : car mon œuvre est plutôt philosophique et morale que botanique ; je me sers de la Botanique pour éclairer la Morale, et j'emploie la Morale à perfectionner la Botanique.

J'avais d'abord l'intention de dresser un Catalogue de la végétation Lorraine pour me servir de liste à échanges : mais à peine sus-je quelques mots d'Allemand, à peine eus-je feuilleté les livres de Koch, Fries, Wallroth, Reichenbach, je m'aperçus que nos vieux noms indigènes n'étaient plus à la hauteur de la Science telle que l'ont faite les savans naturalistes que je viens de citer. Une grande révolution s'est opérée dans la description des plantes : il y a quelques années, les Allemands s'avisèrent qu'il fallait décrire les Espèces de manière à ce qu'on pût les distinguer l'une de l'autre, et à cet effet, ils se mirent à passer chaque végétal en revue depuis les fibrilles radicinales jusqu'à la marcescence du stigmate. Ce procédé fit trouver une foule de choses : alors nombre d'Espèces devinrent de riches Sections, dans l'Espèce on signala des Variétés stables et tranchées, les Variations furent soigneusement énumérées. La face de la Science fut renouvelée ; on ne peut plus aujourd'hui dire tout bonnement : *Rubus fruticosus*, *Thesium linophyllum*, *Thalictrum saxatile*, *Ranunculus aquatilis*, *Myosotis scorpioides*. Pour arriver à ces noms qu'on trouvait jadis illico, il faut présentement une longue étude. — Autre difficulté. Élevé dans le préjugé qu'il y a des plantes *communes*, je n'avais souvent recueilli qu'un seul échantillon ; aussi quand je voulus déterminer, ici le fruit me manquait, là le bouton, ailleurs la racine, plus loin c'étaient des caractères à observer sur le vif. Il fallut remettre le Catalogue à l'année, aux années futures. Mais comme j'avais certaines plantes en grande masse, je m'efforçai, pour ne pas perdre mon temps, d'étudier celles-là soigneusement. Je me suis imaginé avoir trouvé quelques Faits oubliés, et je crus mes observations dignes de voir le jour. Tout le monde pourra bien n'être pas de mon avis.

On verra sans peine que mon travail est un travail d'écolier ; ce qui s'explique facilement. Dès l'origine de mes études botaniques, j'ai été abandonné à moi-même, sans secours d'aucune espèce, sans conseils, sans livres. Après avoir lu les lettres de Rousseau, je me suis trouvé sans autre guide que le premier volume de la Flore Française et un catalogue des plantes qui viennent autour de Nancy. Je vis bientôt l'impossibilité de marcher, et je me rebutai. Enfin, ayant terminé mes études médicales, pour lesquelles j'avais toujours eu peu de goût, je voulus essayer de nouveau la Botanique. Le 1er novembre 1834, j'achète la Flore Allemande de Koch, la Grammaire de Meidinger et un Télémaque-Jacotot : quand revint le printemps, je commençais à comprendre Koch et à reconnaître ses plantes. On ne peut pas se figurer ma joie quand je vis qu'enfin je voyais : le courage me revint, j'herborisai avec ardeur, et je piochai le Tudesque d'autant. En automne, je lisais mon auteur couramment, et je m'aperçus que, bien qu'il ait dit beaucoup de choses, il n'avait cependant pas tout dit; l'idée me vint alors de dire quelque chose du reste : le sort de ma vie fut jeté, je me sentis une vocation de Botaniste.—Mais pour écrire si mince brochure que ce soit, un auteur ne suffit pas, il faut une espèce de bibliothèque : et je n'avais pas d'argent. Grand embarras par ma foi ! Je me cassai le nez contre bien des portes : le capitaliste n'aime pas d'hypothéquer sur les brouillards. Enfin, après mainte avanie, telles que se les peut imaginer quiconque de mes lecteurs a été pauvre, je finis par accrocher quelques centaines de francs : je m'adressai à F. Hofmeister de Leipzig, libraire-botaniste, que je recommande pour ses connaissances et son obligeance, et je me procurai ce que je pus d'auteurs Germains ; j'acquis également la plupart des œuvres du professeur de Genève. Les livres arrivèrent le 12 janvier 1835 : trois jours après je me mis à étudier régulièrement mon herbier en suivant l'ordre du Prodrome de DC., écrivant ce qui me paraissait neuf ou intéressant.—Il ne faut pas croire cependant qu'avant le 1er novembre 1834, j'aie tout-à-fait perdu mon temps. Pour n'avoir pas de livres, je n'avais pas mis mes yeux dans ma poche : au contraire j'étais un assez bon herboriste, et je distinguai bon nombre d'Espèces au coup-d'œil, que je mettais (les Espèces) dans des feuilles à part, sans nom; je cherchais les passages entre les Formes les plus tranchées au premier abord, enfin je fesais de mon mieux mon métier d'herboriste. On voit que ma carrière n'a pas été semée de roses et que les cailloux n'ont pas manqué sous mes pieds : non, les muses ne m'avaient pas pris sous leur protection spéciale.

Il y a environ 10 ans que je me mis Botanique en tête. Là-dessus je compte : 2 ans de commencemens arides et sans progrès, 2 ans de bonne herboristerie, 3 ans de découragement complet, 2 ans de nouvelle herboristerie, enfin une année d'étude scientifique : encore dans cette année j'eus à subir l'ennui et la dépense de temps d'une langue à apprendre, et ceux qui connaissent les épouvantables chagrins domestiques qui ont labouré mon âme pourront témoigner que je me suis trouvé dans la position la plus défavorable à une étude suivie : certainement, dans cette année, j'ai éprouvé plus de tortures que je n'ai compté de poils d'herbe.—Alors, me demandera-t-on, pourquoi publier si vîte ? qui est-ce qui vous presse ? la vie est longue, avec de la patience on vient à bout de tout, Paris n'a pas été bâti en un jour, et.... M'y voici. Si j'avais pu disposer du monde extérieur comme je dispose du petit monde qui végète, crie, pleure et souffre au-dedans de ma peau, j'aurais mieux aimé attendre pour publier quelque chose que j'eusse plus de matériaux et plus de science. Mais malheureusement on n'acquiert la science qu'avec les matériaux, et ceux-ci ne se délivrent qu'aux illustres. J'aimerais mieux être chien de chasse, cheval de cabriolet, commis expéditionnaire, garçon épicier ou épicier, que d'avoir le feu sacré et de vivre encore deux ans pauvre et sans nom. Il n'est pas d'avanie, de malhonnêteté, de brutalité que ne vous attire le feu sacré, quand il se trouve combiné dans le même individu avec les deux maladies que je viens de dire. Ainsi pendant le long séjour que j'ai fait dans *la Capitale*, j'aurais pu trouver de l'instruction au jardin du Muséum, et la bonne volonté ne me manquait pas. Mais quand j'ai pétitionné des plantes, on m'a demandé « Pour quoi faire? » Il y a à cela deux réponses également néfastes; si je dis « Pour faire quelque chose de beau », on m'éconduit comme *présomptueux*, et si je dis « Pour ne rien faire », on m'éconduit comme *jeune homme*. Je le répète, on ne confie les matériaux qu'aux gens reconnus capables d'en faire bon usage : c'est ainsi que les parens sages interdisent l'entrée de la rivière à leurs enfans tant qu'ils ne savent pas nager.

La plupart de nos institutions ne remplissent pas le but pour lequel on les a fondées : je prends pour exemple les bibliothèques et les jardins publics. Dans les bibliothèques, on ne prête pas les livres; là, vous trouvez un bibliothécaire qui vous crache, à tant par an, son règlement à la face. Je le demande, est-ce l'homme vraiment studieux qui ira donner les heures les plus précieuses de sa journée; qui pourra, au milieu des distractions de toutes sortes et des causeries sempiternelles, se livrer à des méditations profondes. Pour se pénétrer d'un livre, pour s'en assimiler la substance, le recueillement le plus religieux est nécessaire; il faut, pour lire avec fruit, une sorte d'inspiration : souvent alors une idée vaguement émise et dont l'auteur n'a pas senti la portée vous apparaît tout-à-coup lucide, vous la sentez grandir en vous, s'élever, s'étendre à ses plus vastes porportions, vous posez le livre, vous vous recueillez, vous vous élancez dans les champs de la pensée, et quelquefois, vous redescendez vainqueur. La méditation et la salle de lecture sont antipathiques : tant que les bibliothèques ne prêteront pas, elles seront des chauffoirs économiques pour les pauvres d'esprit. — Quand j'ai demandé une faveur pour mieux pouvoir étudier, on m'a dit : « Où diable en serait-on si on faisait ça pour tout le monde ». Je n'admets point cette réponse brutale et stupide ; je ne suis pas *tout le monde*. Les jardins, à présent [1]. Il faut d'abord une permission du propriétaire, je veux dire du directeur : ceci est très-bien, il faut empêcher les gamins et les marchandes en plein vent d'aller s'y approvisionner de bouquets, c'est autant de plus pour les Botanistes. Il y aura donc des plantes pour tous les Botanistes ? en théorie, oui ; tout directeur est enchanté de concourir à l'avancement de la Science, à la diffusion des lumières etc., la plus pure philanthropie. Mais en pratique, c'est une autre affaire : « Adressez-vous au jardinier ». Si jamais le proverbe « Payez et vous serez considéré » a résumé dans ses cinq mots toute la sagesse d'une nation, c'est ici que vous en aurez des preuves triomphantes. Dans ces jardins soi-disant publics, l'argent peut quelque chose, mais l'or peut tout. Quand on est zêlé et qu'on est pauvre, le jardinier n'a jamais le temps, tous les Pieds doivent porter graine, vous n'avez que les feuilles rongées, les bribes les plus pitoyables. Vous êtes de plus honoré d'une mauvaise humeur distinguée. Et n'allez pas vous aviser d'y trouver à redire, supportez en silence toutes les impertinences, car le jardinier connait les exigences de la politesse et n'entend pas qu'on élève la voix pour lui répondre. L'arrogance d'une servante maîtresse n'est rien auprès de l'importance de ces valets. Le jardinier est là chez lui : il a toujours raison ; comme le gendarme, il est cru sur parole. Le directeur a du reste trop de choses à faire pour s'immiscer dans ces tracasseries. Un jour que je ramassais quelques baies au pied d'un arbre, un de ces misérables (je ne

[1] Pour qu'on ne me prête pas des personnalités que je n'ai pas voulu commettre, je préviens que ma déclamation est tout à-fait générale, j'ai trouvé partout les abus que j'essaie de stigmatiser.

parle pas des directeurs) m'intima du ton le plus brutal l'ordre de circuler: surpris d'un procédé aussi brusque, je lui exposai que je n'en ferais rien. Là-dessus cet homme s'emportant me fit toutes les menaces que peut suggérer une imagination de garde-champêtre, de m'enfermer sous clé, de me faire empoigner, rosser etc. Je lui représentai qu'il pouvait verbaliser et rien au-delà, que ses pouvoirs de garde-champêtre ne s'étendaient pas à exécuter ses autres menaces : je le défiai même, très-froidement d'ailleurs, de les exécuter. Ce défi porta sa fureur au comble. Nous *discutâmes* ainsi sur nos droits respectifs une bonne demi-heure, et certes je tâchais de maintenir mes expressions et mes argumens dans la plus droite ligne de la logique, car mon homme, flanqué de deux acolythes vigoureux manœuvres, n'aurait demandé qu'un prétexte de se faire justice soi-même. Je croyais que mon tour viendrait: je l'avoue, il ne m'était pas venu à l'esprit qu'on pourrait mettre mon témoignage en balance avec celui d'un homme de cette espèce. Et c'est cependant ce qui arriva: mon témoignage ne fut pas trouvé de poids, j'eus tort, complètement tort; cet homme fut poli, moi brutal, oui vraiment (un contre trois et le ciel seul pour témoin), lui véridique, moi menteur. Procès-verbal se dressa (il est vrai que son *Supérieur* lui avait *conseillé* de n'en rien faire). Une fois devant la justice-de-paix, la condamnation est inévitable, puisque le patient n'est pas admis à preuve contraire; j'en fus pour mes cent sous, et le jardinier fut, après comme devant, un bon jardinier. Voilà les inconvéniens du zèle et de la pauvreté: car on ne me persuadera jamais que si j'avais eu une *position*, le témoignage de cet homme l'eût emporté sur le mien. Mais je proteste; j'ai déjà protesté après l'évènement, j'en appelle au monde botanique, on pourra voir dans mes observations si j'ai l'habitude de mentir; et si je n'obtiens pas justice à présent, je reprotesterai dès que je le pourrai, — car c'est une *indignité*. Il n'est pas permis de se jouer de l'honneur d'un homme comme on l'a fait dans cette affaire. En me récapitulant, voici ce qui se passe dans cette institution : quand le propriétaire est Botaniste et travaille, le jardin sert à un homme; quand le propriétaire s'occupe d'autre chose, il en met la clé dans sa poche pour qu'on ne l'emporte pas, et la mauvaise herbe y pousse à l'aise. Et là-dessus je me fonde pour répéter ce que j'ai dit jadis au fils du grand Jussieu : Il faut professer la Botanique pour pouvoir l'apprendre.

A présent que le lecteur est au courant de mes petites affaires, il est temps de lui parler du livre. Voici tout ce que c'est : je prends la plante n° 1 du Prodromus, j'ouvre Koch, je lis sa description et je m'en tiens là, ou j'ouvre mes autres auteurs, je les lis, puis j'écris : « Je n'ai pas vu ce qu'un tel a vu » ou « J'ai vu telle chose qu'il ne mentionne pas. » Cette manière a l'inconvénient de donner une tournure pédagogique, on me trouvera tranchant : c'est pour aller au-devant de ce reproche que je donne ma recette. Il n'entre pas dans ma pensée de faire le docteur : quelque bêtise qu'on me suppose, on ne peut pas me prêter (autrement je la rends tout de suite) celle de vouloir en remontrer aux premiers Botanistes de l'époque. Le champ de l'observation est sans limites; les détails qui constituent la Science sont innombrables; eh bien ! sur ces détails, je me trouve continuellement corps-à-corps avec tout ce qu'il y a de plus illustre dans la Botanique : sans vouloir les attaquer, je continue imperturbablement à dire « j'ai vu ceci, je n'ai pas vu cela », sans prétendre, en ce dernier cas, que l'auteur ait mal vu; j'en conclus seulement que le phénomène varie ou que les sujets de nos observations étaient différens. — Quant au fond même de mon travail, il est dans un genre ingrat : c'est de la science à l'Allemande, qui donne beaucoup de peine et reluit peu. Ma manière ne doit pas faire fortune chez nous où l'on aime à passer l'eau sans se mouiller. Un journal à qui j'avais envoyé mon Article sur les Vesces, l'a refusé, non pas précisément, ils m'ont dit qu'ils en mettraient bien 1 mais pas 2 : ils ne font que de l'Anatomie et de la Physiologie ; l'étude des Espèces, il ne leur en chaut point. Je m'attendais à ce refus (mes amis peuvent en témoigner), d'abord parce que, pour pouvoir se faire connaître, il faut avoir un nom... ou bien être lié intimement. Et puis si on encourageait les travaux de ce genre, tout homme de bon sens, avec quelques centaines de francs de livres et une loupe, tout homme d'un esprit un peu juste, dis-je, pourrait faire avancer la Science. Alors les réputations pleuvraient.

D'après ces considérations — et d'autres — j'ose convenir que je n'écris pas précisément pour les Français (peut-être ne le verra-t-on que trop à mon stile). Si j'avais voulu donner tout ce qui est nouveau pour la France, j'aurais pu composer un in-folio à peu de frais : cela aurait fait faire un pas immense à la Science Française, mais n'aurait pas avancé d'un iota la Science proprement dite ; en cette année 1835, nous en sommes à 1815. Je ne puis conseiller que de faire venir des livres Allemands par voitures ; alors nous pourrons causer[1]. Mes observations s'adressent à l'Allemagne (et aux quelques Français qui étudient *Germanicè*), où la vraie Botanique, c'est-à-dire l'étude approfondie des Faits marche à pas de géant depuis quinze ans. Cette méthode n'est d'ailleurs pas nuisible à la Botanique philosophique ; c'est au contraire le seul moyen de la fonder sur des bases impérissables. La Botanique philosophique ! cette admirable création du grand Gœthe, replantée

[1] Je regarde comme non-avenue une *Flore de spéculation* à l'usage de nos savans qui ne sauraient pas le latin — traduite d'ailleurs d'un livre bien remarquable : ceux qui par hasard savent le latin pourraient bien le faire venir en nature... mais ces diables de douanes ! interceptent tout sur le pont de Kehl. Cette Flore ne connait Koch que par ouï-dire, encore n'en a-t-elle pas entendu souvent parler.

chez les Welches par le génie de Decandolle, chez les Germains par le génie de Reichenbach.—Ce que je donne pour du neuf, je veux dire neuf pour l'Allemagne, que j'adopte pour patrie scientifique jusqu'à nouvel ordre, d'autant que mes compatriotes n'ont pas été doux à mon égard, la politesse Française m'a fortement brutalisé. Il est périlleux de se présenter comme donnant du neuf à l'Allemagne ; il y a tant d'observateurs dans ce vaste et laborieux pays, que je ne puis connaître tout ce qui s'y est fait : j'appelle nouveau ce que je ne trouve pas dans Koch, Reichenbach, Wallroth, Gmelin (bad. als.), Baumgarten, Sadler, Fries, Gaudin, Spenner, Schultes, ni dans Besser, Bœnninghausen, Lejeune, Hagenbach, Nolte, auteurs dont le *nom* est très-connu parmi nous. J'ambitionne le suffrage des Allemands par ce qu'ils s'y connaissent. C'est eux que je supplie de tolérer mon stile hasardé, coquet, obscur, fardé, incorrect, prétentieux, niais, absurde, détestable, romantique enfin si on veut. En France on va me tancer d'importance, je m'en bats l'œil; on n'a pas voulu me faire de bien, et on ne peut plus me faire de mal : les bibliothèques et les jardins resteront murés comme devant, la doctrine du « Fais comme tu pourras » et du « Pour quoi faire » continuera de fleurir et de porter ses fruits amers : mais on ne peut pas me refuser la clé des champs, ce qui est vraiment bien heureux pour moi, et c'est là que je tâcherai d'étudier, si toutefois je ne quitte pas la partie avant sa fin.

Dois-je inscrire en tête de mon livre une dédicace? l'usage est passé de mode, hors en Allemagne, où elle tient compagnie au système Linnéen. Cependant je tiens à proclamer que :

J'ai une vénération toute particulière pour cinq hommes, (et s'ils n'étaient pas trop pour si peu, je leur aurais dédié mon livre). Ce sont, en suivant l'ordre alphabétique, le plus rationel quand on n'en peut suivre d'autre, ce sont, dis-je :

R. Brown, qui dans ses merveilleuses découvertes, a su mieux que personne poser la limite entre ce qui est *Fait* et ce qui est *Hypothèse.*

Decandolle, qui a lumineusement exposé les principes de la Méthode naturelle, notre gloire nationale, et lui a donné les derniers perfectionnemens; qui a fait connaître et mis en honneur, *vulgarisé* parmi nous la Botanique philosophique.

Fries, le plus grand Cryptogamiste de l'époque et l'un des plus grands Phanérogamistes.

Koch, le prince des descripteurs, qui par sa parole claire, minutieuse et méthodique, a su peindre les plantes d'une manière à jamais reconnaissable. Ce grand Botaniste a considérablement réduit ma brochure, car chaque fois que je trouvais un caractère différentiel inédit, j'étais presque sûr d'être le second inventeur.

Enfin, en suivant toujours l'ordre alphabétique, *Reichenbach*, cet infatigable scrutateur d'Espèces confondues; peintre dont le prodigieux crayon a parfait en quelques années un travail auquel la vie de plusieurs hommes pouvait à peine suffire; et ce qui n'est pas la moindre de ses gloires, écrivain qui a retrouvé le Latin de Linné.

Quand on est condamné par le rétrécissement congénial de sa cervelle ou par une circonstance quelconque à se traîner toujours terre-à-terre, c'est du moins une consolation que d'avoir reçu de la nature un rayon visuel assez étendu pour mesurer l'ombre des Géans; et je le répéte, si ces Messieurs n'étaient pas trop pour si peu, je leur aurais dédié mon livre.

Je ne veux pas terminer sans dire que, dans ma vie, j'ai eu à me louer beaucoup de deux personnes, M. Mougeot le grand Cryptogamiste, et M. Monnier qui a commandé le Fiat lux aux Hieracium.

J'aurais bien encore à me plaindre de quelques *criquets*, des gens qui ne prêtent pas leurs beaux livres, par exemple (cette monomanie est assez répandue dans notre bicoque, surtout parmi les Académiciens et leurs épouses); refuser la nourriture de l'esprit à l'homme qui ne vit que d'intelligence est un égoïsme vraiment infâme, —mais je remets à une autre fois ma dissertation sur ce vice.

J'allais oublier une singulière farce que m'a joué le libraire éditeur de la Flore Allemande de Koch, si c'est une farce : et si ce n'en est pas une, il me fera un vrai plaisir en m'expliquant le phénomène. Quand il m'envoya les cinq volumes publiés, il manquait sept feuilles d'impression : je le priai de les affranchir à la poste, ce qui lui eût coûté quatorze sous. Il paraît qu'à Francfort-sur-Main les idées les plus simples ne viennent pas les premières ; voici de quoi s'avisa mon homme : il accola les sept feuilles à un fragment d'une douve d'un foudre de moyenne taille, format in-8° et d'environ deux pouces d'épaisseur ; il enveloppa le tout d'un fort carton, le serra de deux ficelles et d'un cordeau, et mit le paquet à la diligence. La suscription portait : *Bour brécerfé gondre gombrézion*. J'en fus pour trois francs de port : mais ce qu'il y a de plus singulier, c'est que le paquet avait été affranchi depuis Francfort-sur-Main jusques Sarrebruck. En vérité, M. Wilmans, je n'y comprends rien. Sans doute pour mieux préserver contre l'humidité, la douve était enduite de fiente de vache.

Je raconte au public, tant dans la préface que dans le cours du livre, beaucoup de choses dont on ne sentira pas généralement l'utilité : je l'ait fait parce qu'il est possible que je ne vive pas vieux ; or j'en ai assez dit pour que les gens qui comprennent puissent juger mon caractère autant que mon intelligence. J'ai voulu incarner toute ma pensée, faire couler mon âme entière du bout de ma plume. —Tourmenté que je suis de la soif de connaître, hors les émotions de ce genre, la vie n'est pour moi qu'un désert aride. Et je cherche la vérité avec toute l'énergie dont mon cœur est capable, la vérité vraie, tout ce qu'il y a de plus vrai dans la vérité. Je ne recule devant aucune considération quand il faut la proclamer, et je n'achèterais pas, même la gloire, au prix d'un mensonge ou d'une réticence. Mais de ces choses, je n'espère convaincre personne : probablement les hommes que je verrai seront comme ceux que j'ai vus, — ne tenant pas à apprendre, à savoir la vérité vraie ; ils tiennent avant tout à ne pas être démentis quand ils ont avancé ; la Science n'est pour eux qu'une occasion de gloriole. Autrement me contesterait-on jusqu'à la faculté de déterminer les plantes ? déterminer avec de bons livres ! la chose la plus facile, une vraie niaiserie. Pour déterminer, il faut avoir des yeux et savoir lire. Eh ! bien mes rectifications de noms sont comme non avenues dans la bicoque : mes découvertes de poils ou caractères quelconques, mes complémens de diagnose sont accueillis par des dénégations formelles ou par un silence dédaigneux encore plus insupportable. Je cherche à me former une bibliotèque de journaux, vieux bouquins etc. pour faire de grandes recherches d'érudition : eux qui aimeraient mieux se pendre que de subir un tel ennui, il font leur possible pour m'entraver. On conçoit donc que si je me trouve toujours seul à idolâtrer la vérité, si on me refuse encore les matériaux aussi inhumainement, aussi brutalement qu'on l'a fait jusqu'ici, on conçoit qu'avec une âme comme la mienne, la longévité soit impossible, et je serai bien aise alors que les gens qui distinguent un homme de son voisin puissent savoir si on a perdu quelque chose.

12. *Haut-Bourgeois. Nancy*, 25 *mars* 1855.

N. B. Le lecteur non Botaniste pourra trouver dans le cours du livre quelques anecdoctes qui ne sont pas exclusivement scientifiques.

OBSERVATIONS.

> Tu ne sais pas, pêcheur, le mal que la pensée
> Fait au cœur, quand dehors elle n'est pas poussée.

I. Du consentement de tous les auteurs, le *Thalictrum aquilegifolium* a la tige glabre. Sur 2 échant. de Montbéliard (herb. Suard), non moisis, je trouve des poils visibles à l'œil, glanduleux, pas très-nombreux, inégalement serrés, ne changeant pas la couleur de la plante. J'ajoute cette var. *γ glandulosum* Hr. aux 2 de Wallroth. L'un a la tige unie comme l'ordonnent les autorités; dans l'autre, elle est creusée de sillons nombreux, inégaux, quelques-uns très-profonds. Celui-ci a des étamines monstrueuses : le filet élargi porte à son sommet 3-10 anthères, ou bien il se ramifie plus ou moins bas en 3-5 branches portant chacune 2-4 anthères. —Dans 3 échant. normaux : sur le même rameau, dans la même fleur, je trouve des anthères mucronées, des anthères simplement pointues et enfin des anthères très-obtuses. Gaudin dit : anthères obtuses. —Les auteurs disent le cariopse à 5 ailes, les faces unies : sur 2 individus de la Lozère, très-chargés, tous les fruits ont, sur une face, une 4me aile moins développée, et quelques-uns le commencement d'une 5me.

II. *Thalictrum montanum* *Wallr.* Carpelles elliptiques, longs 2 l., à 8, 10 et 12 côtes. La forme en est telle qu'on peut leur appliquer à la fois : *carpellis basi oblique rotundatis*, attribué par DC. au *Majus*, et : *utrinque acutis*, attribué aux *Minus* et *Saxatile*. Il est difficile d'expliquer cela par des paroles, mais cela est rigoureusement vrai. Jamais la tige n'est pruineuse. — Très-commun autour de Nancy, où il affecte 2 stations. Dans les prairies qui bordent la Meurthe et la Moselle, il est entièrement glabre et le fruit est peu glanduleux. C'est sans doute le *Monta-*

num α virens de Wallroth, mais de Koch, est-ce *α virens*, ou *δ T. saxatile DC.*, ou *ε T. majus Smith.* Les caractères donnés parKoch ne me suffisent pas pour résoudre la question. M. Schultz, qui dans les Additions à la nouvelle Flore de M. Mutel, donne ces Variétés comme de lui, n'a rien ajouté. — Sur les collines, la tige et les gaînes portent toujours des poils glanduleux, les nervures souvent, les fruits toujours; les feuilles ont des points résineux blanc–jaunâtres sessiles, sur leurs 2 faces, ou sur l'inférieure seulement. On ne se doute de tout cela qu'en regardant à la loupe et fort attentivement. C'est le *Montanum γ glandulosum Wallr.* Dans le *Pubescens DC.*, les poils se voient à l'œil nu, et les points résineux sont très-gros et très-nombreux sur les 2 faces des feuilles. Du moins les choses se passent ainsi sur un échant. Suisse envoyé par Thomas sous le faux nom de *Fœtidum.* DC. et Gaudin disant leur *Pubescens* analogue au *Fœtidum*, on doit en induire que les glandes y sont très–apparentes. Le *Pubescens* est bien une Variété du *Montanum Vallr.*, mais une Variété différente du *γ glandulosum W.*

III. Quand M. Schultz trouva *l'Anemone vernalis* dans la plaine de Bitche (Moselle), cela surprit beaucoup les Botanistes Français accoutumés à la rencontrer sur les hautes montagnes. Le jeune Husson vient d'enrichir la Flore Française d'une seconde localité analogue: le 7 avril 1834, allant de Nancy à Paris par la diligence, M. Husson cueillit cette plante sur les roches du bois qui avoisine la route entre Château-Thierry et La Ferté. Pollich et Koch l'indiquent dans le Palatinat à quelques lieues de Bitche, et selon Rchb., elle n'est pas rare dans les plaines du Nord de l'Allemagne, en Prusse et Poméranie.—A Bitche, M. Schultz a observé deux Formes bien distinctes: dans la partie découverte de la localité, l'Anémone se présente sous l'aspect décrit, *monoscape* avec des feuilles étalées sur la terre, de 2-3'', dont moitié pour le pétiole: dans le bois voisin, les feuilles sont dressées, le limbe a 2" de long, le pétiole 6" et plus, et il y a plusieurs hampes. Je baptise ces Variations A *depressa* et B *elevata*.

IV. L'*Anemone alpina* croît sur la plupart des sommités Vosgiennes où elle fleurit deux fois, au printemps et à la fin de l'été. Au Hohneck où je l'ai observée en 1828, elle présente deux Formes: sur le plateau qui fait le dos de la montagne, la plante n'a que 2-3" de haut et la fleur 6-10 l. de diamètre; dans les escarpemens herbeux du revers oriental, la plante a 6" et plus et la fleur 15-20 l. Puis voici ce que je trouve dans mon herbier: sur les échant. des escarpemens, cueillis le 6 juillet, les fleurs sont bien développées et les feuilles commencent; sur ceux du plateau, cueillis en fleur le 13 oût, les feuilles sont depuis longtemps adultes, d'un tissu ferme et sec, le limbe a perdu tous ses poils, elles ont dû commencer après la floraison vernale. Ce Fait me fait douter qu'on puisse établir des Variétés sur l'époque de l'apparition des feuilles. Il y avait en même temps des fruits très-mûrs, mais je n'ai pas pris de notes précises. — Le carpelle et sa queue finissent souvent par devenir entièrement glabres.

V. Une *Anemone Baldensis* cueillie au M[t]. Vergy par M. Martins a 5 feuilles radicales, un scape de 2" *sans involucre*, et une fleur à 12 pétales : le pétale le plus extérieur a dans la plus grande partie de son étendue la forme et la couleur pétaloïde ordinaire, mais dans la moitié supérieure d'un de ses bords, il est de nature foliacée et présente un lobule composé de deux lanières étroit-lancéolées d'1 $^1/_2$ l. de long, tout-à-fait semblable à la dernière division des feuilles ; une petite bande verte existe encore dans une autre partie du pétale. — Comment expliquer ce singulier phénomène d'une Anémone sans involucre? J'imaginai d'abord que l'involucre était remonté jusqu'à se confondre avec la corolle: en effet le maximum de pétales dans cette espèce est 9, 9 pétales et 3 feuilles involucrales font

12 pétales. Mais la fleur était bien pétaloïde et d'un facies nullement monstrueux : or la confusion de deux organes aussi hétérogènes que l'involucre et la corolle des Anémones doit entraîner de grands désordres ; 3 pétales de plus et 2 dents, sur une Espèce où les pétales sont en nombre variable et très-souvent un peu irréguliers dans leur contour, ne constituaient pas un désordre assez notable. Je continuai donc mes recherches. Des 5 feuilles radicales, 2 avaient un pétiole plus étroit, un limbe plus divisé, et l'une était double de l'autre ; 3 de taille à peu près égale avaient un pétiole dilaté, un limbe moins divisé que les premières. J'écartai alors les écailles brunâtres qui enveloppent la base de la plante, et voici ce que je trouvai : les 2 feuilles à pétiole étroit, dont l'une embrassait l'autre, naissaient immédiatement et latéralement du collet ; à côté d'elles se montrait le scape, nu pendant $^1/_4$ l., et là donnant naissance à 3 feuilles verticillées, pétiole dilaté, surtout à sa base ; l'extérieure embrassait la moyenne, et la moyenne l'intérieure. Je ne doutai plus alors que l'involucre, d'une manière toute opposée à ma première supposition, était resté presque radical ; et bien que les 3 feuilles de l'involucre fussent séparées jusqu'à leur base et tout-à-fait libres entr'elles, leur insertion tellement rapprochée qu'on devait la nommer verticillaire me démontra que c'était un involucre à folioles libres.—Sur un autre individu également en fleur, le scape a 21 l., l'involucre est à 4 l. du collet. — Sur 2 en fleur, le scape a 3", et l'involucre est à peu près au milieu.—Enfin sur un individu en fruit, le scape a 4" 2 l., et l'involucre est à 16 l. du collet.

Anecdote. L'*Anemone silvestris* se trouve à Nancy ; par l'analyse de la Flore Française, qui se sert de la hauteur où est placé l'involucre, on arrive au *Baldensis*. Un beau jour donc, dans les commencemens de mes études botaniques, j'annonçai à mon maître que nous avions non pas l'*A. silvestris* comme on le croyait, mais le *Baldensis*, ajoutant que le 1er vol. de la Flore était formel à cet égard. Mon doux maître me répondit : *C'est que vous êtes une f..... bête.* Voilà les leçons que j'ai reçues : je n'en aurais pas cité cet exemple, s'il ne prétendait pas que je dois lui avoir beaucoup d'obligation. Il a trouvé aussi que je devais être poli envers le jardinier de la préface, quoi que celui-ci me dit.

VI. Le carpelle de l'*Anemone narcissiflora*, tout-à-fait paradoxal, est aplati, entouré d'une aile assez large. Pendant la floraison, le stile, qui termine l'aile externe, fait un crochet recourbé en dehors ; à la maturité, ce crochet se porte directement en dedans, appliqué sur le sommet du carpelle.

VII. *Myosurus minimus.* Le carpelle se compose de deux parties bien distinctes, le Corps et la Carapace. Le Corps est plat, couvert de poils blancs courts appliqués, sur ses deux faces et son bord interne, par lequel il est inséré : le contour est un carré long, dressé ; le bord supérieur, concave, s'élève sous le stile en une petite gibbosité. La Carapace glabre, feuille-morte, posée sur le Corps dans un plan perpendiculaire à icelui, se prolonge en une membrane de chaque côté et en bas, où elle forme un appendice analogue à la dent inférieure du bord externe des Adonis. (Le prolongement de la base des sépales, *sepala basi soluta DC.*, *basi producta*, se retrouve aussi dans l'Adonis, à un moindre degré). La nervure stilaire, forte, naît de l'extrémité inférieure du bord externe du Corps, soulève là la Carapace qu'elle semble percer, et monte le long du bord externe de ce Corps, tenant le milieu de la Carapace ; la partie libre du stile est très-courte, et finit au niveau de la gibbosité du bord supérieur.—Sur un individu de 4'', un épi a 2'' 4 l.—La racine émet quelques fibres immédiatement au-dessous des feuilles, puis elle pousse perpendiculairement en bas un tronc blanc cylindrique, long de 2–3 l., qui se divise brusquement en plusieurs faisceaux de fibres. Quand il trouve une terre trop compacte, ce tronc se fléchit jusqu'à devenir horizontal. Dans les très-grands échantillons, le tronc sans fibres est plus court, et se voit moins distinctement.

VIII. Dans les Collections de M. Delessert, j'ai vu un *Ceratocephalus falcatus* cueilli à Rheims.—Sur les échantillons peu nombreux que je possède de cette plante, je trouve la racine conformée comme dans le *Myosurus*, hors qu'il n'y a pas de fibres immédiatement sous les feuilles.

IX. *Ranunculus auricomus*. L'axe fructifère a une structure remarquable; les carpelles sont articulés sur un stipe long d'$^1/_4$ ou d'$^1/_3$ l. Je m'étonne que ce caractère, bien autrement important que les poils du carpelle, n'ait pas encore été signalé. Je crois me souvenir d'avoir rencontré la même organisation dans une autre Renonculacée, mais n'ayant pu la retrouver tout de suite, je n'ai pas eu le courage de la rechercher dans mon herbier, tant j'étais las de cette Famille.

X. *Fruits des Renoncules*. Parmi les Renoncules qui ne sont ni des *Batrachium*, ni des *Echinella*, les unes ne sont pas ridées du tout, les autres ont des rides longitudinales irrégulières, plus ou moins nombreuses, plus ou moins prononcées dans la même Espèce: mais dans toutes, les faces du carpelle sont finement, piquetées (*id.* dans les deux Sections citées). Les auteurs mentionnent ce picotage pour certaines Espèces et n'en parlent pas pour les autres, ce qui ferait croire mal-à-propos qu'il y en a de parfaitement lisses. On a même quelquefois fait la faute de ranger quelques-unes de ces Espèces parmi les *Echinella* (quelque nom d'ailleurs qu'on ait donné à cette Section, car mon reproche ne s'adresse pas à DC.)—Je voudrais qu'on divisât la Section *Echinella*, il est contre nature de rapprocher le *Philonotis* de l'*Arvensis* et de l'éloigner du *Bulbosus*. Dans le groupe *Arvenses*, l'axe fructifère est presque annihilé, à peu de carpelles; ceux-ci se terminent en bas par un petit stipe discoïde, et en haut par un stile valide, subulé-comprimé, différent du stile de toutes les autres Renoncules. Dans le groupe *Philonotes*, l'axe est ovoïde, les carpelles s'amincissent en bas, et le stile est comme dans les autres.—L'*Arvensis* a des pointes d'une telle force qu'on peut presque les appeler des aiguillons : ces pointes existent sur le plat du carpelle et sur le rebord ; elles sont de trois grandeurs, le rebord en porte de très-grandes et de moyennes (aucune sur la nervure stilaire médiane ou milieu du bord, mais seulement sur ses côtés, les nervures stilaires latérales), les faces en portent de moyennes et de petites. Le *R. tuberculatus* DC., qui n'est selon Koch qu'une Variété de la précédente, a de simples tubercules et pas de pointes ; et Nées a trouvé à Bonn une autre Variété qui n'a pas même de tubercules. Le groupe *Philonotes* n'a des tubercules que sur les faces, et aucun sur le rebord. Dans *Philonotis* et *Nodiflorus* les tubercules sont opaques : dans *Parviflorus* et *Ophioglossifolius* ils sont surmontés d'un crochet transparent.

XI. Le *R. angustifolius* n'est indiqué qu'à Mont-Louis. M. Monnier l'a retrouvé dans les Pyrénées centrales, aux Eaux-Bonnes, *je crois;* car cet aimable Botaniste, qui a enrichi mon herbier de nombreuses plantes Pyrénéennes, ne m'a pas donné des localités exactes, pensant vraisemblablement que je ne ferais pas faire à la science des progrès assez majeurs pour l'indemniser de la peine qu'une plus grande précision lui eût suscitée. Donc (ANECDOTE :) je m'attendais dernièrement à lui annoncer du nouveau en lui apprenant qu'il avait découvert une seconde localité au *R. angustifolius*. Et pas du tout. Voici ce que M. Monnier a observé : sur le penchant d'un côteau, il trouva *Amplexicaulis, Angustifolius* et *Pyrenæus,* la 1re en bas, dans la partie grasse, les 2 autres pêle-mêle dans la partie sèche, ce qui lui fit regarder ces 3 plantes comme une seule Espèce, et les 2 dernières comme des Variations d'une Variété indignes de porter un nom spécial, les poils du Pédoncule étant évidemment un piètre caractère. Et de fait, j'avais déjà remarqué que les *R. Pyrenæus* et *Angustifolius* avaient les feuilles tout-à-fait *amplexicaules* quoiqu'en disent les auteurs. Schlechtendal assigne au *Pyrenæus* un capitule oval-oblong, à l'*Angustifolius* un cylindrique (rundlich Koch), différence qui ne me semble pas bien tranchée. La seule difficulté sérieuse à cette réunion c'est que Gaudin admet le *Pyrenæus* en Suisse et en exclut les deux autres, et que Koch et Rchb. disent la même chose du Tyrol.

XII. La graine des *Adonis* (c'est le *carpelle* que j'appelle *graine* pour abréger) est trapèzoïde dans son contour, insérée par son bord interne : les proportions de ces 4 bords varient suivant les Espèces, en restant très-constantes dans la même. Considérée dans ses trois dimensions, la graine est irrégulièrement ovoïde, rendue anguleuse par des prolongemens de l'épiderme.

1. *A. miniata* Jacq. aust. t. 354. *Æstivalis* Koch. Rchb. t. 317. *Maculata* Wallr. *Ambigua* Gaud. *Autumnalis* Vill. *Dentata* β *provincialis* DC ! ex autopsia et ex descr. bona in Syst.

Graine longue et large 2 l., trapèzo-carrée, horizontale ; bord supérieur bidenté, une dent au milieu ; stile ascendant. Épi (Syncarpe) très-serré, long 15 l. sur 3 $^1/_4$: spirale quintuple. Rachis rectiligne, prismatique à facettes, non applati, profondément creusé de fossettes contigues, vastes, bordées de membranes. Corolle modérément concave ; tache de l'onglet nettement circonscrite. Sépales longs 5-6 l., glabres ou à quelques poils transparens. α Cor. miniée. β Cor. flave. *A. flava DC.* —Hab. Europe.

2. *A. flammea* Jacq. t. 355. Koch. Rchb. t. 318 (le syncarpe est trop compacte.) *Æstivalis* DC. Syst. ex descr. opt. *Æstivalis* Gaud. *Æstivalis* Linné herb. ex D C. *Flammea DC. Autumnalis* Bieberst. suppl. *Anomala* Wallr. (la plante dans un âge avancé).

Graine longue 1 $^1/_4$ l., large 1 l., trapézo-trigone, ascendante; bord supérieur gibbeux devant le stile; stile dressé. Epi lâche, long 1" sur 2 $^1/_4$ l. : spirale sextuple. Rachis flexueux, cylindrique, lisse ; cicatrices petites, très-superficielles, distantes. Corolle étoilée, presque plane ; la tache de l'onglet se perd graduellement. Sépales longs 2-3 l., couverts de poils blanc-mat. α Cor. pourpre intense. Hab. Europe. β. Cor. flave. Hab. Allemagne (Koch.) — J'ai toujours vu le *Miniata* et le *Flammea* fleurir et fructifier à la même époque, et aussi longtemps l'un que l'autre.

3. A. *hortensis* Ht. *Autumnalis* L. herb. ex DC. *Autumnatis* Rchb. t. 319 et aliorum. *Æstivalis* Vill.

Graine longue 2 l., large 1 $^1/_3$, trapézo-trigone, horizontale ; bord supérieur légèrement convexe ; stile horizontal. Épi serré, long 6-9 l. sur 3 $^1/_4$. Rachis flexueux, très-applati, lisse; cicatrices petites, superficielles, distantes : spirale quintuple. Corolle globuleuse ; la tache de l'onglet se perd insensiblement. Sépales longs 4-5 l., glabres ou à quelques poils transparens. —Hab. Au rapport de Curtis, il est si abondant dans les moissons des Comtés qui avoisinent Londres, que les paysans viennent le crier dans les rues de cette Capitale. Selon M. Fleurot, il est très-commun à Dijon : les nombreux échantillons que j'ai reçus de ce Botaniste, ont, quoique très-avancés, la tige un peu moins épaisse et beaucoup moins rameuse que ceux des jardins. M. Boreau l'a trouvé une fois dans la Nièvre. Villars l'indique à Montelus en Dauphiné, Rchb. en Prusse et en Belgique. C'est la seule Espèce que Balbis mentionne aux environs de Lyon : le Fait n'est pas impossible, mais il mérite confirmation, Balbis étant un de ces Floristes qui copient les descriptions pour qu'on ne se moque pas d'eux, pour qu'on ne dise pas par exemple que leur *Juncus acutiflorus* est l'*Obtusiflorus*.

4. *A. dentata* Delille. *Dentata α orientalis* DC.

Graine longue et large 1 l., presque carrée, horizontale, délicatement échinulée ; bord supérieur légèrement concave ; stile nul.

Épi serré, long 6–7 l. sur 2 $^1/_4$: spirale quintuple. Rachis rectiligne, légèrement rugueux, subcreusé de larges fossettes contigues peu profondes, non bordées. — 8 pétales, probablement jaunes. Haut 2 $^1/_2$", trapu, très-rameux dès la base. (Sur un échant. d'Alexandrie en Égypte, donné par M. Martins : j'en ai vu jadis dans son herbier une vingtaine d'un facies analogue au mien, l'un pouvait avoir 4" de haut).

Pour faire comprendre ces petits détails effroyablement difficiles à décrire, je crois nécessaire de prendre les choses *ab ovo.* — *Forme de la graine* : (pour qualifier la position des graines, je prends les inférieures, et non les infimes ; celles-ci sont généralement rebroussées, les suivantes ou les inférieures proprement dites, ont la position caractéristique ; celles du haut s'élèvent sous un angle de plus en plus aigu, et dans les suprêmes, le bord supérieur est presque parallèle au rachis).

Miniata. Bords *supérieur, interne, externe*, grands, *l'inférieur* moitié moindre. Le *supérieur*, horizontal, porte vers son milieu une dent ou promontoire à base très-large, et à son extrémité interne une seconde coupée à pic et qui n'est pas visible quand la graine adhère au rachis. Du côté externe, ce bord cesse à la naissance du stile. L'*externe* est formé par la nervure dorsale du stile et se termine en bas par une dent membraneuse : de cette dent et perpendiculairement à elle part une ligne membraneuse plus ou moins proéminente, crénelée, qui, arrivée au milieu du ventre de la graine, remonte obliquement jusqu'à la dent moyenne du bord supérieur. Cette ligne divise la graine en deux hémisphères, l'*externe* qui est vert, je l'appellerai la *Carapace*, parce qu'on dirait véritablement qu'il y a un tégument supplémentaire, et l'*interne*, étiolé, par lequel les graines se touchent en se pressant énergiquement : la ligne crénelée sera la *Margelle* de la Carapace. La Carapace, outre les deux nervures marginales du stile, porte des rides soit rectilignes, soit courbes, soit finement anastomosées en réseau : l'hémisphère interne est sillonné de rides parallèles entr'elles, perpendiculaires au rachis. Le stile, valide, suit la projection du bord externe et fait avec le bord interne et le rachis un angle de 45°. Le rachis, rectiligne, creusé de tous les côtés également de vastes fossettes, profondes, qui s'épanouissent en membranes, est blanc, totalement étiolé ; sa surface est très-inégale et paraît manquer d'épiderme. — Quand l'épi n'a que 6 l. de long, ce qui arrive souvent aux fleurs tardives, il est ovale tout comme celui de l'*Hortensis*. — Dans la fleur, ou peu de temps après la chûte des pétales, l'ovaire a la nervure dorsale du stile très-forte et les 2 marginales presque nulles ; ces nervures sont vertes (caractère d'herbier).

Flammea. Bords *supérieur*, *externe*, *inférieur* grands, l'*interne* moitié moindre. Le *supérieur* s'élève en fesant avec l'interne et le rachis un angle de 45° ; il porte à son extrémité externe une gibbosité qui s'avance devant le stile. La dent inférieure du bord externe est ou nulle ou peu marquée, de même que la ligne qui en part transversalement ; aussi ne distingue-t-on pas ici de Carapace. Toute la surface est ridée en réseau plus fin et mieux fourni que dans le *Miniata*, et ordinairement d'un vert plus sombre : on trouve souvent aussi l'hémisphère interne à rides parallèles. Le stile, délicat, suit la projection du bord externe et est alors parallèle au rachis, ou bien s'incline vers celui-ci. Rachis flexueux, cylindrique, très-lisse, légèrement jaunâtre-verdâtre, marqué à intervalles de cicatrices petites, superficielles, blanches. — Dans la fleur, les 3 nervures stilaires sont d'égale force, ordinairement d'un jaune doré (caractère d'herbier). Le stile est à cette époque marqué à son extrémité d'une tache noire bien tranchée (sphacelé), qui disparaît presque dans le fruit mûr. Les 3 autres Espèces ont très-fréquemment une tache noire au stile, moins exprimée il est vrai, mais cependant bien perceptible, de sorte qu'on ne peut pas toujours compter sur ce caractère.

Hortensis. Bords *supérieur*, *externe*, *inférieur* grands, *l'interne* plus petit du tiers ou du quart ou presque nul. Le *supérieur* horizontal, rectiligne ou légèrement convexe, est le plus long parce qu'il s'avance beaucoup sous le stile, mais sans former là aucune gibbosité. Il n'y a ni dent inférieure du bord externe, ni Carapace, ni Margelle. Toute la surface est parcourue de rides droites ou courbes, dans l'écartement desquelles s'en trouvent d'autres plus petites, tranversales ou en réseau. Le stile suit la projection du bord supérieur et est perpendiculaire au bord interne. Rachis flexueux, applati, très-mince, assez lisse, blanchâtre-paille: les flexuosités simulent des fossettes, mais la cicatrice n'occupe qu'un très-petit espace dans le fond; les graines sont, les unes logées à l'aise dans les flexuosités, les autres insérées chétivement sur les deux bords du rachis. — Si on examine la graine sans comparaison avec les autres Adonis, on trouve au stile une base très-forte, pyramidale; mais si, cherchant à comparer les parties vraiment similaires, nous ne le fesons naître que lorsqu'il se sépare du bord supérieur, comme nous l'avons fait dans le *Miniata*, le stile est débile.—Quand l'épi à 9 l. de long, il n'est plus ovale, mais tout aussi cylindrique que celui du *Miniata.* On pourrait exploiter ce Fait pour augmenter le fatras provoqué par les phrases Linnéennes : mais je ne veux pas couper les vivres à ceux qui se nourrissent de ces chardons. Rectifions la synonymie quand il y a moyen, mais n'ergotons pas sur des choses indémontrables.

Dentata. Les 4 bords à peuprès égaux. Le *supérieur*, horizontal, concave, s'élève à son extrêmité externe en une toute petite gibbosité qui se porte devant le stile; le stile adhère totalement à cette gibbosité. C'est dans cette Espèce que la Carapace est le plus évidente, les dents de la Margelle étant très-prononcées : la Carapace paraît lisse à l'œil nu, à la loupe on découvre beaucoup de petits tubercules; l'hémisphère *interne*, plus étendu que l'*externe*, est tout couvert d'échinules de même nature et grandeur que les dents de la Margelle.

Anatomie de la graine. Après décoction, l'*épiderme* s'enlève facilement, c'est une pellicule transparente, incolore, formée par une seule couche de cellules arrondies; l'*endoplèvre* est d'une telle ténuité qu'on le reconnaît seulement en raclant le parenchyme: entre ces deux membranes existe un *parenchyme* brun dans sa partie interne, brunâtre dans l'externe, toute la masse prend une teinte uniforme après l'immersion. Les *rides* sont constituées par des paquets de cellules qui dépassent le niveau du parenchyme. Dans le *Dentata*, ces paquets, aulieu de former des lignes, forment des tubercules isolés. L'épiderme existe sur l'hémisphère étiolé. La *Dent* inférieure du bord externe et la *Margelle* qui en part sont dues à l'épiderme adossé à lui-même. Dans le *Miniata*, où les graines se pressent fortement par leur hémisphère interne, la Dent et la Margelle sont un résultat mécanique de la pression. Dans le *Flammea*, où les graines sont moins serrées, mais où elles éprouvent une certaine pression dans le jeune âge à cause de leur égale répartition autour du rachis, la Dent et la Margelle sont encore bien visibles. Dans l'*Hortensis*, l'applatissement et la flexion du rachis, la surface d'insertion de la graine réduite à sa plus simple expression, le double mode d'insertion sur les faces du rachis et sur ses bords, semblent avoir été calculés pour que les graines ne se pressent pas, aussi ne voit-on pour ainsi dire pas de trace de Dent et de Margelle. Dans le *Dentata*, il est impossible d'attibuer à la pression les Échinules de l'hémisphère interne, ce qui leur donne de la valeur comme caractère.

Dans les échantillons de mon herbier, je n'ai pu trouver de Carpelle fertile que sur le *Miniata*. Le *Test* est vert-noir, l'*Albumen* verdâtre sombre: la graine proprement dite est ovoïde, descendante et non pendante, c'est-à-dire qu'elle ne s'insère pas dans l'angle formé par la réunion des bords supérieur et externe (sommet anatomique), mais tout en haut du bord supérieur avant sa jonction avec l'externe. Le *Funicule* forme un petit ruban soudé tout le long du bord supérieur.

Fleur. Les Sépales sont, dans nos 3 Espèces (je n'ai pu examiner le *Dentata* sous ce rapport), bordés d'un liseré noir, et denticulés au même degré. Peut-être y a-t-il quelque relation entre ce liseré noir et la tache noire du stile, qui se retrouve aussi dans toutes les Espèces. J'ai trouvé constant le caractère des poils peu nombreux transparens ou très-nombreux blanc-mat. Les pétales sont denticulés au même degré dans toutes les Espèces, mais on voit ces dents seulement à la loupe et jamais telles que les réprésentent les Figures du *Flammea* de Jacquin et de Rchb. Sur un bien grand nombre d'échantillons et pendant plusieurs années d'observation, j'ai toujours vu la tache de l'onglet du *Miniata* nettement circonscrite, celle du *Flammea* toujours existante et se perdant graduellement. J'ai vu constamment le *Miniata* et sa Variété *Flava*, ainsi que le *Flammea*, conserver leur nuance propre sans la moindre dégradation ni passage. Dans l'herbier, c'est différent. Les *Miniata*, *Flammea* et *Hortensis*, à moins qu'on ne les dessèche et conserve avec grand soin, perdent par place leur couleur rouge, ou deviennent même tout-à-fait flaves. Ordinairement le *Miniata* a les pétales larges et au nombre de 8, mais dans les fleurs tardives, et souvent aussi dans les précoces, ils diminuent de taille et de nombre. La même diminution s'observe dans le *Flammea*: je ne l'ai pas encore rencontré à fleur jaune; j'ai vu toujours les pétales d'un pourpre intense et étroits, excepté pourtant une fois que je trouvai 5-6 échant. à pétales peu nombreux, presqu'ausi larges que ceux du *Miniata*.— Il y a dans ce paragraphe beaucoup de *je*: j'en fais mes excuses.

Dans nos 3 Espèces la tige est d'abord simple, terminée par une seule fleur sessile; mais par le progrès de la végétation, la tige se ramifie de plus en plus et les pédoncules s'alongent.

L'*inflorescence* est centrifuge à rameaux alternes. ***Miniata :*** la tige se termine par un pédoncule *aphylle*; de l'aisselle de la feuille basilaire de celui-ci part un autre pédoncule *aphylle* ou plus ordinairement 1-*phylle :* les rameauxsubséquens se comportent de même à leur extrémité. ***Flammea :*** pédoncule terminal 1-*phylle*, de sa feuille basilaire part un pédoncule 2-*phylle*. ***Hortensis :*** pédoncule terminal 2-*phylle*, de sa feuille basilaire part un pédoncule 2-3-*phylle :* souvent le terminal est 3-*phylle*, alors le rameau axillaire est divariqué, plus fort, et rameux. — Mon échantillon de ***Dentata*** est trop rabougri pour que j'aie pu le soumettre à cette épreuve de Botanique philosophique.

Synonymie. J'ai cru devoir changer le nom d'*Autumnalis* pour cause d'impropriété, on trouve à la fin de juin et peut-être avant, la plante en fruit et très rameuse ; ajoutez les interminables disputes synonymiques auxquelles il a donné lieu : ***Hortensis*** me paraît au contraire judicieusement imposé à une fleur qui peuple les jardins de toute l'Europe et dont la patrie a été longtemps douteuse. —Qu'est-ce que Linné entendait par *Æstivalis*? On pense généralement aujourd'hui que c'est le ***Miniata***, et cependant Decandolle, dont l'*Æstivalis*, d'après la bonne description du *Systema*, est incontestablement le ***Flammea***, assure que la plante de l'herbier Linnéen est ce dernier, c'est-à-dire son propre *Æstivalis*. J'avoue que, provisoirement, je suis disposé à m'en rapporter à D C., et à approuver Gaudin de l'avoir suivi : mais par exemple ils auraient dû citer la t. 355. de Jacquin et ne pas citer la t. 354. On objectera que le ***Flammea*** ne se trouve pas en Suède : il n'y a pas encore été trouvé, voilà tout ce qu'on peut dire; une plante échappe si facilement ! Fries a découvert bien des choses qui avaient échappé à ses devanciers, Fries n'a pas exploré toute la Suède comme les environs de Lund, et puis si grand Botaniste que soit un homme, il ne peut trouver absolument tout. Enfin, une considération me paraît dominer la question, c'est que, si Linné a vu le ***Miniata*** et le

Flammea, très-certainement il ne les a pas distingués : on n'y regardait pas de si près dans ce temps-là. Sur ce je me fonde pour biffer le nom *Æstivalis* comme son cousin de l'arrière-saison. Expulsons une bonne fois de la Science ces noms Linnéens invérifiables, controversés avec tant d'acharnement, que chacun applique à sa guise, et qui ne sont bons qu'à alimenter la verve bavarde des ergoteurs en Synonymie, ces chercheurs de quadrature du cercle et de trisection de l'angle. — Koch rapporte l'*Æstivalis DC.* au *Miniata*, parce que sans cela, dit-il, l'Adonis le plus commun dans toute l'Europe ne se trouverait pas dans le *Systema* : or j'ai vu dans l'herbier Français envoyé par *DC.* au Muséum un échantillon en fruit de la localité classique *entre Digne et Colmars*, et cet échantillon est un *Miniata*[1]. Voyons d'ailleurs ce que dit le *Syst.* de l'*A. dentata β. provincialis* : « *Petalis oblongis flammeis* » (un rouge dans la composition duquel entre du jaune est mieux dit *flammeus* que le pourpre-foncé du véritable *A. flammea*) : « *fructibus ad basin minus tuberculato-dentatis contiguis et cristis quasi mutuo incumbentibus continuis in spicam pollicem longam dispositis* ». En effet, la graine n'est pas échinulée à la base comme dans le *Dentata* et les rides y sont plus fortes que dans les 2 autres, les graines sont fortement pressées et se recouvrent l'une l'autre par ce que j'appelle la Margelle, organe beaucoup plus développé dans le *Miniata* que dans nos 2 autres. Il est donc hors de doute que le *Miniata* Jacq. est le *Dentata β. provincialis* du *Syst.* Mais il n'est pas étonnant que dans une entreprise aussi colossale que celle de décrire tout le règne végétal, il se glisse des erreurs de détail : dans l'état actuel des descriptions, qui ne sont pas comparatives, l'auteur d'un grand ouvrage ne peut éviter les double-emplois d'une part et les omissions d'autre part. Il faudrait

[1] Après mon travail fait, j'ai retrouvé ce Synonyme distingué dans la nouvelle Flore Française de M. Mutel, où il ne m'a pas peu surpris. Il n'est pas dans les Addenda de Rchb.

pour ne pas faillir, avoir des échantillons authentiques de toutes les plantes et consacrer à chaque individualité un temps incompatible avec le grand nombre des objets. On ne peut demander à ces auteurs qu'un bon cadre, c'est à nous autres éplucheurs à en remplir les cases, à nous qui observons dix plantes par an, qui pouvons les étudier sur le vif, dans tous les états, sur beaucoup d'échantillons. Et dans ce cas particulier, l'inexactitude est d'autant plus excusable que réellement le *Miniata* et le *Dentata* se rapprochent par leurs graines plus appendiculées, plus serrées, carrées dans leur contour, de même que le *Flammea* et l'*Hortensis* ont peu d'appendices, les graines lâches et le contour trigone. D'ailleurs le le *Systema* a paru en 1818, époque où personne ne connaissait les Adonis, car Wallroth n'a écrit qu'en 1825.

XIII. *Berberis vulg. articulata.* Le père Willemet, qui a joui vivant d'une réputation pyramidale, et qui, au rapport de M. Mougeot son ancien élève, ne distinguait pas une Caryophyllée d'une Renoncule, auteur du plus mauvais bouquin qui ait paru, intitulé Phytographie *encyclopédique* ou Flore de *trois Départemens*—ayant rencontré—comme le rapporte judicieusement son petit-fils mon maître M. Soyer-Willemet dans une note aussi substantielle qu'agréable à lire—ayant rencontré dans nos bois un brimborion de sous-arbrisseau sans fleurs dont les feuilles noueuses ressemblaient à un *Berberis*, se dit : «Qué que c'est que ça ?» Dans ce temps-là c'était un plaisir de déterminer, on ouvrait son Linné, et on y trouvait des selles pour seller tous ses chevaux. Donc le père Willemet ayant mis ses lunettes d'une main et ouvert son Linné de l'autre, lit *foliis articulatis* : Berberis *Cretica*; va pour *Cretica*, il vous prend la phrase Linnéenne, et la repique dans la Phytographie. Je ne m'étendrai pas davantage sur l'Historique parce que, je le répète, on le trouvera fort bien exposé dans M. Soyer (Obs. 15.), de même que la description de la monstuosité. J'ajoute seulement deux mots d'organographie : la plupart des feuilles monstres sont des épines revenues à leur nature ; l'épine axillante du *B. vulgaris* est dilatée à sa base en une espèce de gaîne sublignеuse, cette gaîne est identique dans la feuille monstrueuse, et c'est la partie épineuse qui est redevenue un pétiole uninodé limbé. Quelques-unes ont à leur aisselle un bouquet de feuilles (rameau raccourci comme dans les Pins) dont la plupart sont nodoso-pétiolées, à pétiole plus court que celui de la feuille axillante. Comme le dit M. Soyer, toutes les feuilles du *Vulgaris ordinaire* ont un pétiole noueux, caché par les écailles pérulaires.—M. Soyer convient loyalement que la Phytographie ne peut servir qu'à envelopper du beurre ou à s'essuyer : » R. Willemet » dit-il « est le plus mauvais Botaniste après Lapeyrouse. » !! O piété filiale !!!

XIV. Ayant cueilli le *Nuphar pumila* dans les Vosges en Juillet 1828, et l'y ayant étudié sur le vif en Oût 1834, je vais le comparer au *Lutea* de Nancy.

1. *N. lutea.* Les lobes ne font que le quart de la feuille : la face supérieure porte des rudimens de tubercules à peine perceptibles (à la loupe, et dans l'Espèce suivante on sous-entendra aussi : à la loupe), l'inférieure quelques très-rares poils. Pétiole triquêtre, les 3 côtés égaux, le côté intérieur bombé-carèné. Pétales rhomboïdaux (en carré long dressé un peu plus large en haut qu'en bas), tronqués ou subarrondis au sommet, où leur largeur est de 2-2 $^1/_4$ l., allant se retrécissant graduellement et légèrement du sommet à la base; la lame et l'onglet ne sont pas distincts. Anthères 1 $^1/_2$-3 fois plus longues que larges. Stigmate entier, plano-concave, peu épais, à 20 rayons peu proéminens. Graines jaunâtres : cicatrice pyriforme (sur quelques-unes on trouve la cicatrice presque orbiculaire, comme c'est toujours le cas dans l'Espèce suivante).

2. *N. pumila* (ou plutôt *Vogesiaca Hr.*, ce dont on verra la raison plus bas). Moitié ou plus de moitié moindre dans toutes ses parties.—Les lobes font les $^2/_5$ de la feuille : la face supérieure

porte de jolis petits tubercules bien formés [1] (punctis elevatis subscabra *DC.* ex *Wahl.*); la face inférieure est d'abord grise, entièrement couverte de poils arqués-appliqués (jt. 1828), qui disparaissent plus tard plus ou moins complètement (oût 1834). Le pétiole est toujours glabre, à quelques poils près : on y retrouve les mêmes élémens que dans le *Lutea*, mais il est comprimé, plus large qu'épais, et dans la description, on peut le nommer *ancipité*. Les pétales ont une lame carrée-subarrondie, large d'1 $^1/_2$ l. tout au plus, très-distincte de l'onglet qui commence brusquement et est moitié moindre en largeur et en longueur. Anthères presqu'aussi larges que longues. Stigmate épais, ordinairement plutôt elliptique qu'orbiculaire, lobé plus ou moins profondément dans la même fleur: souvent une partie des lobes sont complètement libres (ce qui m'empêche d'admettre la Var. β *Spennerianum* Gaud. ou β *asterogyna* Spenner), à 8-13 rayons élevés, bombés en carène. Le stigmate dans le fruit commençant est tricolore, la partie glandulaire, saillante, étroite, fauve, dépassant les échancrures, repose sur une surface d'un flavide gai; puis un étroit liseré d'un vert gai règne tout autour, non couvert par la raie fauve. Dans le fruit mûr, le stigmate a, sur un fond uniformément vert, les rayons d'un gris roussâtre pulvérulent (id. dans le *Lutea* mûr.) Le col, et ordinairement l'ovaire, portent autant de côtes qu'il y a de rayons. L'ombilic du stigmate est profond, ordinairement étroit, mais souvent aussi il est assez large. Le fruit est : ou vert, ou d'un pourpre vineux sale qui passe au gros-bleu dans la dessiccation, ou moitié pourpre et moitié vert. Le plus gros fruit que j'aie trouvé avait 11 l. de large sur 15 de haut. Graines olivâtres : la cicatrice

[1] Gaudin rapporte *de visu* que ces tubercules n'existent pas sur le frais et se forment pendant la dessiccation. Comme le même phénomène n'a pas lieu dans le *Lutea*, je pense que malgré une si grande autorité, le fait mérite confirmation.

est orbiculaire ou à très-peu près, le Hile étant plus rapproché du Micropyle que dans le *Lutea*.

Cette plante fut pour Timm son inventeur *N. lutea β pumila*, pour Hoffmann *N. pumila*. Wildenow dit : *N. lutea β minima*, Smith : *N. minima*. Spenner et Gaudin accèdent à ce changement de nom parce que, selon eux, une plante qui a *quelquefois* 12 pieds de long ne saurait s'appeler *Pumila*. Mais l'objection n'est pas valable, puisqu'on trouve *aussi* des échantillons de 6". Quant à faire *Nuphar* du genre neutre, Sprengel, Gaudin et Rchb. pourraient bien avoir raison.

Dans la Figure de Rchb. pl. crit., les pétales sont largement orbiculaires, larges 3 l., longs 2 $^1/_2$, à onglet extrêmement court et très-étroit (long et large $^1/_4$ l.), quoique bien visible. Si le caractère a été bien observé, chose très-probable, la plante est une Espèce distincte de celle des Vosges, car dans celle-ci, j'ai trouvé sur un très-grand nombre d'échantillons, examinés sur le vif, les pétales conformés comme je l'ai dit plus haut, et sans aucune variation. Il faudrait alors laisser le nom de *Pumilum* à l'Espèce du Mecklembourg, et je propose celui de *Vogesiacum* pour la nôtre. Si d'aventure la plante d'Ecosse était la même que celle des Vosges, le *N. pumila* et le *N. minima* constitueraient 2 Espèces distinctes, ce dont Smith ne se doutait guères.

La fleur de nos 2 Nuphars exhale une odeur très-intense de *Pomme de Reinette*, ce que tous les auteurs ont fort mal exprimé par Odeur *alcoholique*.—*Organographie*. On voit très-bien, sur le *N. lutea*, que les 2 enveloppes florales sont des Étamines avortées. L'Étamine se compose d'un Filet jaunâtre assez mince et d'un Connectif vitellin, épais, formé d'un parenchyme glanduleux, sur lequel sont appliquées les Loges : plus les Étamines sont extérieures, plus le Connectif glanduleux s'élargit ; et en suivant attentivement les progrès de son développement, on voit que la Lame des pétales n'est qu'un Connectif stérile, à sa couleur, à sa consistance, à son aspect bosselé. Les sépales ont dans leur milieu une partie jaune plus ou moins épaisse et bosselée dans laquelle on reconnait encore le même organe. Le Fait se voit aussi dans le *Vogesiaca*, mais le verticille corollaire est mieux défini.

J'ai trouvé dans une capsule de *Lutea* quelques graines d'une structure monstrueuse intéressante. La graine normale est pendante, comme on sait : à sa partie supérieure (base anatomique) est un mamelon entouré d'une rainure et percé d'un trou (Micropyle) à son sommet. Ce mamelon envoie d'un côté un prolongement assez étroit, sur une partie (Hile) duquel s'attache le funicule. Puis cette saillie descend le long de la graine (Vaisseaux Raphéens) et va s'épanouir en calotte sur l'extrêmité inférieure (sommet anat.) : c'est la Chalaze. Par la dissection, on trouve un embryon à radicule supère niché au sommet (base anat.) de la graine et de l'albumen : le tegmen est vert-noir, luisant, excepté à la Chalaze où la membrane noire manque et est remplacée par un petit disque rugueux de couleur rousse. Dans mes graines monstres, les vaisseaux raphéens revêtus du test et sans tegmen descendent perpendiculairement tout seuls, et se continuent en droite ligne ou en fesant un léger coude avec le corps de la graine, qui n'offre plus de saillie latérale. L'embryon à radicule infère est niché au bas de l'albumen (sommet anat.), et au haut de l'albumen (base anat.) on trouve le disque roux chalazien. Sur la partie du test correspondant à la radicule, on trouve le mamelon entouré d'une rainure et perforé à son sommet (Micropyle), mais ici le mamelon est exactement arrondi, sans prolongement latéral. Le cordon raphéen, à son extrémité d'insertion placentaire, est surmonté d'une petite pointe dressée d'$^1/_4$ l., beaucoup plus étroite que le cordon lui-même; à cette pointe (Hile) s'attache le funicule. Dans la graine normale, c'est cette pointe qui, couchée en travers, forme le prolongement latéral du mamelon micropylien : ce prolongement latéral des graines normales et la petite pointe dressée des anomales (le Hile) est privé de l'aspect luisant qu'offre le test partout ailleurs. Dans le monstre, le Micropyle et le Hile, au lieu de se toucher, sont donc séparés par toute la longueur du corps de la graine et du cordon raphéen : c'est une graine *anatrope* qui a oublié de se retourner et qui est restée *homotrope*. Je ne suis pas bien sûr que ce soient là les termes propres, car je n'ai pu me procurer le Mémoire de M. Mirbel sur l'Ovule ni par emprunt ni par achat, et je ne n'en sais quelque chose que pour avoir écouté aux portes.— Si on presse entre les doigts la graine régulière, le mamelon pyriforme basilaire se désarticule dans la rainure : on voit sur quelques-unes la désarticulation commencée ; sans doute qu'à la germination, la radicule fait sauter cet opercule.—J'ai aussi 2 graines soudées par le test, sur une face seulement ; sur l'autre face, elles sont presque complètement séparées : les graines se présentent leur saillie raphéenne, et la réuniou des deux Hiles fait un petit pont entre les 2 Micropyles. Le funicule était unique.

XV. Dans le *Papaver somniferum*, DC. *syst.* reconnait 2 races : *α nigrum*, à fleurs rougeâtres, graines noires et capsules déhiscentes ; *β album*, à fleurs et graines blanches, capsules fermées, plus gros dans toutes ses parties. Gmelin qui a cultivé le *Blanc*, lui a vu conserver ses caractères sans varier. Les auteurs d'avant et d'après DC. ne nous apprennent rien de plus, hors Koch : « Dans les échantillons grossis par la culture, la capsule est *ordinairement* indéhiscente, et on choisit ceux-là pour la semaille en grand, parce qu'ils reproduisent *volontiers* la Variété clause. Mais il est faux que les capsules fermées soient exclusivement propres à la Variété à fleurs et graines blanches ; elles se rencontrent aussi dans la Variété rose : et quelle que soit la couleur de la fleur et des graines (car celles-ci varient beaucoup sous ce rapport et présentent tous les passages du blanc au noir), on trouve de petits échantillons à capsule déhiscente parmi les grands à capsule indéhiscente. Je ne puis donc consentir aux 2 Espèces de Gmelin ».

Koch nous apprend donc qu'il y a des Pavots mélanospermes indéhiscens. Mais ses autres assertions sont en opposition avec le témoignage de nos agriculteurs et mes observations de cette année. Nos paysans cultivent en grand le Pavot à graine blanche et celui à graine noire (à capsule fermée bien entendu, car de celui à capsule déhiscente on ne ramènerait pas une seule graine à la maison) : ils ne font aucun choix de capsules et la plante se reproduit toujours avec ses capsules fermées et sa couleur de graine. J'ai pu observer de vastes champs exclusivement composés soit de blancs, soit de noirs, et les avortons avaient les capsules fermées tout comme les autres. Dans le Pavot cultivé pour l'ornement des jardins, j'ai vu chez tous les individus grands et petits des graines noires et des capsules ouvertes : et des agriculteurs m'ont assuré qu'il en était toujours ainsi.—Le noir de la graine offre des nuances diverses, mais ne s'approche jamais du blanc : généralement il est recouvert d'une pruine grise, mais c'est tout justement alors que le noir primitif, le noir d'au-dessous est le plus intense. La graine blanche est toujours telle dans les capsules ou parties de capsules saines : dans les endroits malades, la graine peut il est vrai prendre une teinte noirâtre assez foncée, mais alors la paroi séminifère est manifestement altérée, noire, friable, pourrie ; la teinte noirâtre de la graine a un aspect sale et louche qui ne ressemble nullement aux nuances les plus claires des Pavots noirs, et dans les parties saines de la capsule, on retrouve les graines blanches.—Je dois à ma conscience de dire que j'ai vu dans une pharmacie des graines qui peuvent aussi bien être des blanches noircies que des noires blanchies : mais ces graines dataient de plusieurs années, et je n'ai pas pu encore déterminer par l'observation ce que deviennent ces couleurs par le progrès du temps.

Tout ceci n'aurait guères valu la peine d'être dit si je ne n'avais rien vu de plus. Mon article est à cette fin de verbaliser les 2 plantes que j'ai distinguées dans le Pavot mélanosperme indéhiscent, comme on va voir. Le *P. somniferum L.* contiendrait donc à mon compte 4 Races que, pour simplifier, j'appellerai Espèces. On y doit joindre une 5me Forme, le *Setigerum DC.*, qui du consensus omnium est le type de l'Espèce, ou (dans la théorie de Trattinick), l'Espèce primitive de la Section, l'Espèce créée en même temps qu'Adam, laquelle s'est transformée dans les Espèces plus civilisées à l'époque où la progéniture du premier Père devenait Nègre et Tartare. Je ne parlerai pas du *Setigerum*, n'en ayant que 2 échantillons, inmûrs encore, si je puis m'exprimer ainsi.

1. *P. album* Ht. Graine blanche. capsule indéhiscente, ovale-oblongue, atténuée à la base et de plus stipitée. (Par caps. *atténuée à la base*, je veux dire que la partie séminifère se rétrécit, et par *stipitée* que cette partie séminifère repose sur un stipe solide qui est une production particulière du réceptacle, distincte de cette partie du réceptacle, assez considérable, qui supporte les sépales, pétales et étamines). Stigmate planiuscule, à lobes presque libres et distans, épais.—La raie glanduleuse qui occupe le milieu des lobes offre à son extrémité une fossette qui, dans les Suivans, n'existe pas du tout ou n'est que faiblement indiquée.—Très-probablement cette plante est l'*Officinale* Gmel. Rchb. et β *album* DC. et aliorum. Cependant je ne puis concevoir que personne n'ait mentionné cette forme allongée de la capsule.

2. *P. apodocarpon* Ht. Graine noire. capsule indéhiscente sphérique, doublement sessile, non atténuée ni stipitée. Stigmate incurvé-globuleux, à lobes contigus, fendus seulement à moitié, épais.—Le stigmate, dans les 3 Autres, a la plupart de ses lobes libres entr'eux dès qu'ils abandonnent l'ovaire, et les autres très-légèrement et fort inéalement soudés. Mais ici les lobes, quand ils ont quitté l'ovaire, restent un espace notable soudés entr'eux très-également, se recourbent fortement en dedans, et se pressent par leurs bords.—Je ne puis savoir si le P. mélanosperme indéhiscent de Koch est cette plante ou la suivante.—J'ai trouvé cette

Espèce formant un champ près du village de Haillainville, mélangée avec quelques Pieds du Suivant. Étant alors en route pour un voyage d'assez long cours, j'ai rapporté peu d'échantillons.

3. *P. stipitatum* Hr. Graine noire. capsule indéhiscente *ovée*, comme tronquée à la base, non atténuée, mais stipitée (stipe 3-5 l.), tronquée aussi au sommet, et surmontée d'un col très-court, constitué par les pores soudés. Stigmate planiuscule, à lobes presque libres, distans, épais.—Très-voisin du Suivant, et peut-être faudra-t-il le regarder comme sa Race indéhiscente : il y a cependant une notable différence dans le stigmate, et quelque différence dans la forme de la capsule.

4. *P. hortense* Hr. Graine noire. capsule déhiscente *ovale*, non atténuée, mais stipitée. Stigmate planiuscule, à lobes presque libres, contigus (à quelques-uns près), minces et membraneux, (et non charnu-subéreux comme dans les Autres).—Cette plante, exclusivement réservée à l'ornement des jardins, n'est d'aucun usage et ne peut conséquemment garder le nom de *Somniferum*.

Les 3 premiers s'élèvent à 4–5 pieds, la tige est très-robuste, les capsules grosses; le 4me est moitié moindre dans toutes ses parties. Mon attention s'est portée trop tard sur ces plantes pour que je pusse en observer les corolles, qui offriront peut-être quelque caractère accessoire passable. Le P. 1. a la fleur constamment d'un blanc éclatant. Quand j'ai cueilli le P. 2., il y avait encore quelques fleurs retardataires, et il me semble qu'elles étaient d'un rouge foncé. Le P. 3. les a roses (ex Koch). Le P. 4. les a fort variables depuis le rouge intense jusqu'au violâtre gris, et même au blanc, mais sale, ce me semble. Quand le P. 1. et le P. 3. sont cultivés à côté l'un de l'autre, il naît des hybrides à pétales : blancs dans la moitié inférieure, rougeâtres dans la supérieure.—Les 3 premiers sont cultivés chez-nous pour en tirer de l'huile, les capsules se vendent comme narcotiques.

Organographie. La raie glanduleuse qui occupe le milieu des rayons est le vrai stigmate, chose dont personne ne doute assurément : mais la surface qui la supporte, disque surovarien des auteurs, doit être considérée comme le stile. Voilà l'idée que je voulais lancer dans la circulation, peut-être bien n'est-elle pas pas neuve, mais enfin je ne la trouve pas dans mes livres.

XVI. *Classification des Crucifères*. La structure de l'embryon est un bon Caractère générique ; mais si on l'emploie pour ordonner la Série des Genres, la Famille ne sera plus rangée naturellement. Les *Arabis* ont certainement plus de rapport avec les *Sisymbrium* qu'avec le *Lunaria* ; il est plus naturel de caser les *Lepidium* à la suite des *Thlaspi* que de séparer ces 2 Genres par les *Biscutelles*. Je pense donc que dans l'arrangement définitif, on devra la plupart du temps entremêler les Genres sans égard pour la position de la radicule : mais je pense nonobstant que dans son *Syst.* et son *Prodromus*, DC. a bien fait de classer d'après l'embryon, pour attirer l'attention des élèves sur la structure des graines, dont l'étude est généralement négligée. Je me rappelle qu'à l'apparition du *Systema*, les Linnéens encroûtés jetèrent feu et flamme contre l'obligation qu'on leur imposait de manipuler de si petits objets ; du moins en 1825, leur colère était-elle encore à 80° Réaumur. Peu-à-peu ils cédèrent aux corps environnans quelques gouttes de leur haute température, si bien qu'aujourd'hui tout le monde admet que la graine est un organe essentiel.

XVII. La silicule du *Neslia paniculata*, arrondie, légèrement comprimée, brusquement atténuée à la base, s'atténue brusquement au sommet pour former un court prolongement, ténu, de longueur égale à celui de la base : sur cette pointe est *articulé* un stile qui a la demi-longueur de la capsule. La silicule du *Calepina Corvini*, ovale-arrondie, non comprimée, non atténuée à la base, est surmontée d'un prolongement plus épais, sur lequel le stigmate est tout-à-fait sessile, le stile manque complètement. Les feuilles caulinaires de ces 2 plantes sont identiques, et ressemblent beaucoup aussi à celles du *Camelina silvestris* Wallr.

XVIII. Le *Camelina silvestris* Wallroth, réuni par Koch au *Sativa*, est une Espèce tellement distincte qu'au premier abord on a de la peine à le reconnaître pour un Camelina : il est trop bien décrit dans les *Schedulæ criticæ* pour qu'il me reste quelque chose à en dire. Je l'ai trouvé spontané à Nancy. On rencontre naturalisés et fort communs le *Sativa* et le *Dentata*, 2 bonnes Espèces bien décrites par Koch (réunies par Wallroth), et je crois aussi le *Microcarpa* Andrz., que je me propose d'étudier.

Le genre *Camelina* a la plus grande analogie avec le *Neslia*, et dans une classification vraiment naturelle il faudra s'arranger de manière à les rapprocher. La capsule du *Camelina* s'atténue de même par en bas et les valves se prolongent de même en haut, l'appendice est plus long : le stile, à sa naissance sur la partie médiane du sommet de la cloison, consiste en quelques filets d'une extrême ténuité; à la cessation de l'appendice des valves, il se renfle brusquement : à la déhiscence, cette partie épaisse se détache de la partie inférieure ténue et demeure adhérente à l'une des valves (cette organisation insolite a été bien vue par Koch). J'ai idée que par une dissection soignée on trouverait quelque chose d'analogue dans le *Neslia*.—Le *C. silvestris* a les feuilles du *Neslia* et une silicule presqu'aussi osseuse; celle-ci est comprimée, courtement pyriforme: les 3 Autres ont la silicule gonflée, pas ou peu atténuée à la base, d'un tissu plus mince et bien moins dur : le *Dentata* l'a ovale-arrondie fortement rétuse, pour ainsi dire obcordée, le *Sativa* ovale-elliptique, et le *Microcarpa* oblongue, moitié moins large que le *Sativa*.

XIX. Je ne veux pas quitter les Crucifères sans raconter une anecdote assez piquante, un Professeur de Botanique à six mille fr. d'appointemens qui a pris un *Séneçon* pour un *Sisymbrium*. Je venais de trouver à Commercy le *Sisymbrium supinum* et à Remréville le *Senecio silvaticus;* je mets l'étiquette du *Sisym-*

brium au *Séneçon*, celle du *Séneçon* au *Sisymbrium*, et je porte mes plantes chez le Professeur en question : « Monsieur, je viens vous offrir 2 plantes nouvelles pour notre Flore ». « Ah ! voyons » ; il ouvre, il prend d'une main l'étiquette portant *Sisymbrium* et de l'autre l'échantillon de *Séneçon* : « Est-ce que c'est un *Sisymbrium* ça ? » « Certainement, Msieur. » « Ah ! » (il n'avait jamais vu de *Sisymbrium* analogue) il prend sa loupe et regarde les capitules : « Mais est-ce que c'est bien un *Sisymbrium* ? » « Incontestablement, Msieur ; c'est même le *Sis. supinum* qui passe pour assez rare en France ». Il paraissait trouver à ce *Sisymbrium* un facies hétéroclite, mais il n'osait cependant pas me contredire : il reprend sa loupe une seconde fois, et même une troisième ; enfin, de guerre lasse, il lève la première feuille et trouve dessous l'échantillon de *Sisymbrium* avec l'étiquette de *Séneçon* : « Anh ! » s'écrie-t-il « c'est un Séneçon ». « Ah ! sacrebleu, Msieur, je me suis trompé d'étiquette ».

Si un gamin m'avait pris en un flagrant délit de cette espèce et que j'eusse occupé une haute position, voici ce que j'aurais fait, moi : je ne m'en serais bien certainement pas vanté, j'aurais fait au gamin un pont-d'or, je lui aurais donné tout ce que j'aurais pu, j'aurais cherché à lui rendre toutes sortes de services afin d'enchaîner sa langue par la reconnaissance, de lui coudre la bouche par des bienfaits, j'aurais acheté son silence à tout prix. Mon Professeur fut moins prudent : il alla raconter la farce, me traitant d'impertinent etc. (cela me nuisit beaucoup dans l'esprit des gens non Botanistes), et me fit la mine depuis ce temps, mine qui dure encore. A mon avis, il a fait un pas de clerc : car je soutiens que quand un Professeur de Botanique ne distingue pas une Composée d'une Crucifère, il est permis de se mocquer de lui. Du reste je ne le croyais pas de cette force, j'imaginais qu'en voyant le *Séneçon* étiqueté *Sisymbrium* il s'écrierait de prime-abord : « Ah ! te voilà encore, b..... de farceur ». J'avais voulu faire une de ces espiègleries qui amusent tout le monde sans blesser personne. Comme il paraît dans l'intention de me garder rancune sa vie durant, comme je ne dois attendre de lui aucun des services que sa position lui permettrait de me rendre, qu'au contraire il entravera mon instruction pour me faire rester dans la crasse, qu'il s'efforcera de décrier mon caractère cependant si candide — non seulement je n'ai aucun intérêt à le ménager, mais encore il est bon pour moi qu'on sache au juste comment s'est passée cette affaire sans témoins, je mets donc le monde botanique à même de juger notre conduite respective. — J'ai toujours soin de faire mes espiègleries sans témoins, pour ne pas humilier la victime si par hasard il arrivait quelque chose d'un peu humiliant pour elle; eh! bien jamais on ne m'a eu la moindre obligation pour cette précaution qui prouve cependant de la délicatesse. On ne veut pas de gaieté absolument. Ils me font vraiment rire avec leur dignité grotesque! ces gens qui se croient à une distance incommensurable au-dessus de moi, parce qu'ils ont des années de plus, ou qu'ils sont gros propriétaires, ou qu'ils savent plus de Faits que moi. Ces derniers ne veulent pas comprendre que dans deux ans j'en saurai autant qu'eux : nul ne veut m'escompter ma gloire. Je suis las de cet ordre de choses, il faut que tout cela finisse. Toutes les fois qu'on me fera des saletés — si je ne les mérite pas plus que celles où on m'a vautré jusqu'ici, je les raconterai impitoyablement. Sans la publicité, l'abus de la force n'aurait point de bornes, les puissans auraient trop aisé d'étouffer les faibles et de leur barrer le chemin. Ce serait vraiment trop commode, si les gens haut-placés qui se trouvent vexés de savoir moins que vous, pouvaient se débarrasser de vous avec un simple petit coup de pied dans les fesses.

Quand, au commencement de l'hiver, j'annonçai à M. Soyer que je me croyais sûr de pouvoir imprimer quelque chose cette année, il me prévint qu'on recevrait avec malveillance tout ce que je pourrais faire. Il ne paraissait pas envisager ce résultat avec beaucoup de douleur ; c'est que le paroissien ne prodigue pas sa sensibilité aux pinsons : un autre se serait affligé de voir un jeune-homme assailli par la malveillance au début de sa carrière, et précisément à cause de ses bonnes qualités, la conscience et l'opiniâtreté dans l'étude, le courage à dire la vérité et à réclamer ses droits. Mais M. Soyer ne réchauffera pas de serpent dans son sein, j'en réponds ; il n'y réchauffe pas assez de monde. Quoi qu'il en soit, ce qu'il m'a dit était mon opinion propre, et j'ai écrit dans cette pensée : je me comporte comme un homme qui s'attend à recevoir des soufflets non mérités, ou à une indifférence offensante, et qui aborde les gens par un grand coup de pied ; soit pour se venger à l'avance d'une insulte inévitable, soit pour les faire regarder. Enfin, puisqu'ils posent devant moi en caricature, je les peindrai.

25 Mars 1835. Arrivé à ce point de mon travail en règle, le retour du soleil, les herborisations vernales et les études sur le vif me forcent de le suspendre : je le reprendrai au mois d'Octobre prochain, si mes confrères trouvent que le travail de ces 70 derniers jours vaut la lumière. Si d'aventure mes premières élucubrations n'obtiennent pas un succès pyramidal [1], je les rengainerai à l'avenir. Mais ce serait jouer de malheur, car l'hiver dernier a été pour moi un rude temps de pioche ; voici mon régime d'hiver : je me lève à 10 h., je déglutis une tasse de café, puis je dissèque jusques 5 h., où je dîne médiocrement ; de 6-7 café noir plus souvent deux fois qu'une, journaux (je suis républicain comme un cheval) ou récréation quelconque ; je me remets à l'œuvre à 7, 8, 9 h. jusques 2-7 du matin. C'est bien le moins que je monte au temple de Mémoire. Comme calmant, je fais grand usage

[1] Ce terme de nouvelle formation ou d'alluvion Romantique signifie gros comme les pyramides d'Égypte.

de bière; comme excitant, de café, de thé et d'Opium. J'ai contracté cette dernière habitude pendant les vexations domestiques auxquelles je suis en butte depuis deux ans : sans cette drogue, je n'aurais assurément pas enduré la vie. L'Opium est à la fois le plus énergique excitant de l'intelligence et un sédatif souverain de cette partie du système nerveux qui préside aux mouvemens. Il possède aussi une action toute contraire : le fait pour être inexplicable n'en est pas moins certain, j'en fais journellement l'épreuve depuis deux ans. L'Opium calme et endort la pensée, et il donne au système musculaire une énergie énorme : quand après une journée de marche je suis harassé d'épuisement, 30 ou 40 grains d'Extrait me rendent une nouvelle vigueur; en arrivant je m'endors, et le lendemain je me réveille sans fatigue. Or je suis d'une santé si frêle qu'avant cette précieuse trouvaille une herborisation me rendait malade pour cinq jours. On peut, presqu'à volonté, mettre en jeu celle de ces 4 propriétés de l'Opium dont on a besoin, et cela n'est pas en relation avec les doses. Quant aux terreurs paniques, aux tremblemens nerveux, à la cadavérisation de la face, ce sont mensonges dont on frappe l'imagination des faibles. L'Opium, inconnu il y a quelques siècles (il n'en est pas question dans les 1001 Nuits) fait aujourd'hui les délices de l'Orient depuis la Turquie jusqu'au Japon : déjà parmi nous quelques médecins, classe généralement moins peureuse, commence à le goûter ; bientôt l'usage en sera universel parmi les Européens bien élevés ; l'Opium aura la fortune du café, du thé, du tabac. On lui prête encore une grande action anaphrodisiaque : cela n'est pas vrai précisément ; il ne diminue pas ou diminue peu les desirs, ne porte aucune atteinte à la rigidité, mais je crois remarquer une légère diminution dans la sécrétion. Et j'en puis parler pertinemment, car je consomme par jour environ 2 scrupules d'Extrait, et quelquefois même 1 gros et plus.—On me dit qu'*à la longue* cela m'usera. A la longue, c'est rigoureusement possible ; cependant, depuis 2 ans, je devrais apercevoir un effet notable, et je suis absolument dans le même état; sauf que je me porte mieux : sans l'**Opium**, le chagrin m'aurait tué. Et puis si cela m'use, je n'y tiens pas : à supposer que j'aie des facultés intellectuelles remarquables, qu'en ferais-je? personne ne les voit, personne ne les reconnait, même tout le monde me les nie, en face, contrairement aux préceptes de la galanterie nationale. Enfin, comme je suis avant tout un homme de conscience, si cela me tue, je le dirai.

J'ajoute à présent quelques articles que j'ai composés d'une manière intercidente pour me délasser de mon travail en règle. J'en ai bien encore une trentaine d'autres *pensés*, et que je préfère *écrire* à l'inspiration du vif.

XX. Un *Vicia* inédit que je découvris cet été m'ayant donné occasion de travailler la Section des *Sativa*, je reconnus que la plupart des caractères donnés étaient fallacieux, que de meilleurs avaient échappé, et qu'il restait des particularités intéressantes à faire connaître. La synonymie de ces plantes est si embrouillée, et si indébrouillable faute de détails, que j'en ai fait abstraction complète. Gaudin, qui a si bien décrit le *Lathyroides*, n'a pas également réussi pour les autres. Hoppe a publié dans l'Iconogr. de Sturm une monographie de ce Genre que j'aurais bien voulu consulter; mais ce beau livre n'ayant pas encore franchi le Pont de Kehl, impossible fut. — Je commence par établir deux sections, que je caractérise; puis des divisions secondaires, que je caractèrise, afin de ne pas répéter ce qu'il suffit de dire une fois. Si on suivait cette méthode pour les ouvrages généraux, il n'y aurait pas tant de papier perdu, et il resterait de la place pour les caractères distinctifs. N'est-il pas déplorable de voir répéter le même caractère dans 20 Espèces, tandis qu'on pourrait le mettre une seule fois en tête et tirer une barre dessous. Souvent même la redondance est poussée à ce point que la chose est notée en tête, (le trait tiré dessous), et renotée à chaque espèce.

VESCES A FLEURS AXILLAIRES, (NON EN GRAPPE).

Section *Luteæ Hr.* Calice n'atteignant que le quart de la corolle, entrée très-oblique; lanières de longueur très-inégale, les 2 supérieures courtes, l'inférieure longue.

Section *Sativæ Hr.* Calice atteignant au moins la moitié de la corolle, entrée presque tout-à-fait horizontale; lanières de même longueur que le tube, égales entr'elles.—Graines séparées les unes des autres par une espèce de cloison formée de tissu cellulaire refoulé. (Mœnch fit là-dessus son genre *Vicioides*). Feuilles inférieures à folioles ob-ové-cordées, puis folioles oblong-ob-ové-cordées, puis oblong-obové-émarginées, puis oblong-obové-tronquées, puis linéaire-oblongues, puis linéaires, toutes mucronées. Feuilles primordiales linéaires, tronquées ou acuminées, mucronées.

I. *V. lathyroides.* Fleur solitaire, 3 l. Calice 1 $^1/_2$ l., guère plus long que l'onglet de l'étendard, tubuleux-obconique, implanté par toute sa base. *Fruit.* Calice obconique, recevant le légume sans se fendre. Légume glabre dès sa jeunesse, long 9-10 l. sur 1 $^1/_2$, légèrement courbé en S, atténué paraboliquement à sa base l'espace d'1 $^1/_2$ l., terminé par un acumen formé aux dépens des 2 bords. Graines 7-9, chagrinées, gris-roussâtre, cubiques, à faces plus ou moins naviculées, implantées par un des angles: cicatrice ovale, courte. Funicule terminé par une cupule (arille) implantée par son centre.—Très-grêle; haut de 2-3". Tige cotonneuse, feuilles pubescentes, ou tige et feuilles glabriuscules. Feuilles inférieures à 1, puis à 2 paires de folioles ob-ové-cordées, puis 2 paires de folioles oblongues tronquées, puis 3 paires linéaire-lancéolées troncatulées ou acuminées. Jusqu'ici la vrille n'a été qu'un mucre très-court: dans les feuilles supérieures, elle atteint 6 l., mais reste simple. Stipules semi-sagitté-hastées, entières, quelquefois denticulées dans le bas de la plante; glandulifères dans le haut des grands individus, sécrétion incolore. — Hab. Paris. Alsace. Nièvre. (Décrit sur 17 échant).

Caractères communs à toutes les Espèces suivantes :

Graines lisses (c. a. d. jamais chagrinées), unicolores et nitides *ou* diversement peintes et d'aspect gommeux-byssoïde ; sphériques, sublenticulaires ou cubiques. Cicatrice linéaire, occupant le quart de la circonférence : quand la graine lenticulaire est carrée dans son contour, ou quand elle est cubique, elle est implantée par tout un des côtés de ce contour. Le funicule supporte une languette (arille) longue et étroite, implantée très-près de son extrémité supérieure (l'extrémité de la languette). Le micropyle forme un petit tubercule de couleur foncée ordinairement très visible. — L'acumen du légume est la continuation du bord séminifère. — Quand la fleur est solitaire, elle est portée par un pédicelle d'environ 1 l., grêle : quand il y a 2 fleurs, l'une a un tel pédicelle, soudé par sa base à un pédoncule solide, long 2 l. ou un peu plus, uniflore par avortement; on voit clairement la place pour une 3me fleur, qui se développe assez souvent. Sur un *Sativa spontanea*, j'ai trouvé : plusieurs aisselles biflores, plusieurs triflores (à la manière que je viens de dire), enfin une grappe de 3 fleurs, soutenue par un pédoncule de 4 l. (à la manière des V. racémeuses). Sur un *Remrevillensis*, j'ai trouvé dans une aisselle : une fleur à pédicelle d'1 l., soudé par la base à un axe (pédoncule) d'un pouce, qui porte une fleur à son tiers inférieur et 2 autres à son sommet.

Stipules : ordinairement presque toutes glandulifères, suc d'un pourpre intense; quelquefois il n'y en a que quelques unes de glandulifères, ou bien les glandulifères, nombreuses, ont la sécrétion plus pâle; très-rarement enfin, absence de glandes (ce dernier cas est le *Segetalis fl. fr. suppl.* et *Mérat*, inadmissible, même comme Sous-variété). La partie fondamentale de la Stipule, la partie qui porte la fossette glandulaire, est une etc., etc., etc, plus tard en son lieu et place. P. 47, l. 15, lisez : Fleur solitaire, au lieu de : Fleurs olitaire.

XXI. *Cratœgus.* Ce nom me ramène un souvenir pénible. J'avais découvert dans une promenade de Paris, quelque temps avant que ne parussent les *Suites à Buffon*, un *Cratœgus* intermédiaire entre le *Latifolia* et l'*Aria :* je n'avais que des feuilles et des fruits commençans, je voulus attendre, pour publier l'Espèce, que j'eusse les fleurs et les fruits mûrs. Étant revenu à Nancy, je priai un Botaniste honorable et que j'avais quitté dans les meilleurs sentimens à mon égard, de m'envoyer les parties dont j'avais besoin : je ne reçus pas de réponse, parceque ma lettre était gaie. Il n'y avait pas un mot désobligeant, et sous la forme légère, perçait manifestement une haute estime pour celui à qui j'écrivais. Je ne puis concevoir qu'un homme lettré se borne à considérer cette grossière enveloppe de la forme, et ne tienne pas à honneur de juger le fond de la pensée. Mais il est reçu qu'entre Savans, on s'écrive dans le style ultra-louangeur inventé pour les despotes de l'Orient. Et puis, j'étais un *jeune-homme !* À mon avis, un *individu* cesse d'être *jeune-homme*, abstraction faite de l'âge, quand il est de force à distinguer une Espèce nouvelle. Tant que ce principe sauveur ne sera pas admis, les générations seront en guerre l'une contre l'autre, comme nous l'a montré jusqu'à présent l'histoire de la Science. Que les hommes arrivés à la réputation ouvrent leurs rangs pour recevoir les nouveaux-venus, c'est le vrai système de paix universelle. Mais on dirait que, montés au haut de l'échelle, ils perdent le sens de la vue. — Bref, ma plante devint le *Crat. obtusata Spach.* Je n'accuse ma foi pas M. Spach de plagiat, l'Espèce est si tranchée, qu'un Botaniste aussi aigu a dû la faire à l'inspection d'une seule feuille.

Simple histoire. Le Jardin de Paris possède une fort belle collection de Pomacées. Lassé d'y recevoir des bribes ridicules, j'avais cessé de prendre des échantillons. Mais je demandai à quelle époque on taillait les arbres, pour ramasser les bouts tombés sous le ciseau du tondeur : le jardinier promit de me prévenir. Je croyais bien tenir les feuilles de tous les Cratœgus. Ha-ha ! hi-hi ! le coquin m'avait trompé de saison, et un beau jour que je flanais par hasard dans l'*Ecole*, je trouvai la terre jonchée de rameaux flétris.

XXII. M. Soyer-Willemet a imprimé dans le *Précis* de nos *Suées académiques*[1] pour 1832, un *Travail* sur les *Valérianelles*, et l'a réimprimé dans les Annales des Sciences Naturelles pour 1833, je crois, — prévenant, dans sa note d'envoi au Journal, que son Article était fait et imprimé avant un Travail de Dietrich, dont les résultats sont semblables aux

1 L'Académie de notre Bicoque jouit d'un personnel impayable, presque aussi intelligent que son mobilier: on prétend même que les Fauteuils, eussent-ils voix délibérative, parleraient mieux que les Croupions. — Je dois à la vérité d'avouer que je n'en dirais pas tant de mal si j'en étais ; oui certainement, si on m'avait un peu prié, j'y aurais accepté une place : car enfin, dans une petite ville, quand on n'est pas même Académicien, on est moins que rien. Mais nos Notabilités ne peuvent pas accepter un *jeune-homme !* Eh bien serrez les rangs, mes beaux Messieurs, je ne vous importunerai pas de mes demandes ; bien au contraire, — je veux être décoré si jamais je frappe à votre porte. Je ne serai peut-être jamais d'aucune Académie ; mais si je suis de quelqu'une, ce sera d'une Académie honorable.

— *Trait impayable d'un Académicien Lorrain.* Un Littérateur de quelque mérite, approchant de sa trentaine, postulait sa momification à la Société royale des Sciences Lettres et Arts de Nancy : un de ses futurs Confrères, après lui avoir demandé son âge, lui dit : « Monsieur, vous êtes bien jeune ;... moi, j'ai été reçu à 22 ans ». Quand je vous disais qu'ils sont impayables, nos Académiciens ! A la place du Récipiendaire, je les aurais joliment envoyés se faire-l'en-l'air, par exemple.

siens [1]. C'est par ma foi spéculer trop ouvertement sur l'ignorance Française, car l'Article est un extrait pur et simple d'une Monographie publiée en 1823 par le célèbre Reichenbach, dans la 1re Centurie de son Iconographie Critique (Rchb. les appelle Fedia). Soyer se croit à l'abri de toute accusation de plagiat, parceque, sous chaque Espèce, il cite la Planche et le Texte de Rchb. Je ne suis pas du tout de cet avis : en voyant les Rchb. loco citato de Soyer, on croirait qu'il a pris dans Rchb. des matériaux mal arrangés pour mieux rebâtir le Genre. Or il n'en est rien : Rchb. a arrangé *tout* d'une manière irréprochable; *toutes* les Espèces de Rchb. sont conservées par Soyer, *toutes* ses Variétés sont pour Soyer des Variétés, les Caractères admis par Rchb. sont admis par Soyer, et les Caractères conspués par le premier le sont aussi par le second. Quand un Auteur a élevé au rang d'Espèces tout ce qui mérite ce titre, réduit en Variétés toutes les mauvaises Espèces, établi les bons Caractères et condamné les mauvais, un Autre ne peut plus faire sur le Genre un *Travail*. Donc Soyer ne devait d'abord pas parler de Dietrich, qui n'avait plus rien à faire sur les Valérianelles après l'œuvre de Rchb. ; et Soyer devait dire : « Les Valérianelles, encore mal connues

[1] Un Orientaliste Français venait de publier une Grammaire Chinoise, un Orientaliste Portugais venait de publier une Grammaire Chinoise : ils s'envoyèrent réciproquement leur Grammaire Chinoise et firent les très-étonnés de voir que les 2 livres étaient identiques et ne faisaient qu'un seul et même livre. Il n'y avait pourtant rien d'étonnant dans cette affaire, la chose était bien naturelle tout au contraire, comme on va voir : les 2 Orientalistes avaient trouvé chacun un exemplaire d'une Grammaire Chinoise manuscrite, composée par un 3e Orientaliste, leur devancier. — Dietrich ne peut être accusé de plagiat, parceque les Travaux de Rchb. étant entre toutes les mains en Allemagne, tout le monde est sensé les connaître.

en France, ont été admirablement tirées au clair il y a 10 ans par Rchb., et je vais donner l'Extrait de *son* Travail, pour l'instruction des Botanistes Français qui ne savent ni l'Allemand ni le Latin, le livre de ce pyramidal observateur étant écrit dans ces deux langues. » Alors Soyer aurait fait une action utile et louable. Mais, *attendu* qu'il s'est bien gardé d'agir ainsi, *attendu* qu'implicitement il a donné le Travail comme sien, comme différent du Travail de Rchb., en se bornant à citer Rchb. sous chaque Espèce comme il y cite Morison et d'Autres, — son prétendu Travail est un Plagiat, qu'on peut même dire audacieux. La chose est vraiment curieuse, et j'engage les Parisiens à ouvrir la Première Centurie de l'Iconographie Critique, si toutefois il existe à Paris un exemplaire de cet indispensable ouvrage. Le Plagiat est tellement complet, tellement naïf, qu'on peut l'assimiler à un vol de grand'route à main armée, et j'ai cru devoir le signaler pour l'honneur de la France, pour montrer aux Allemands que, s'il y a chez nous beaucoup d'ignorance, il s'y trouve aussi des gens consciencieux pour arrêter dans leurs expéditions déhontées les Schinderhannes de la Science. L'Allemagne est si en avant de nous pour la Botanique, et si peu de Français savent l'Allemand, que si on ne terrifiait pas le brigandage littéraire par une mesure décisive, on en arriverait en France à se faire une gloire comme on fait un civet de lièvre : Recipe trois mois d'Allemand, écrivez à mon ami Hofmeister de Leipzig, et il vous expédiera des charretées de graine de Laurier. Il ne leur faudra pas deux mois pour pousser. Alors ma foi vous pourrez frapper hardiment aux portes de la Société royale des Sciences Lettres et Arts de votre Bicoque, vous poser de plain-pied Secrétaire-Trésorier-Archiviste, Archiviste-Trésorier-Secrétaire ou Trésorier-Secrétaire-Archiviste de la Société centrale d'Agriculture de la même ville, entrer tête haute à la Société d'Émulation des Vosges ou Philomatique de Verdun, vous pourrez vous pavaner fier comme un dindon qui fait la roue dans les Académies de Metz, et correspondre avec toutes les Sociétés Linnéennes possibles, fors celle de Londres.

Quand, l'an dernier, Soyer me donna *son Travail*, je le trouvai très-bien fait, je lui dis même que c'était ce qu'il avait fait de mieux jusqu'alors, et de beaucoup. Mon compliment n'eut pas l'air de le flatter, — moi qui suis cependant fort peu complimenteur de mon naturel. Je m'y perdais, — car enfin, mon dire n'impliquait nullement le blâme de ses travaux antérieurs. Mais quand j'ai possédé le Rchb., je m'y suis retrouvé, j'ai saisi le mot de l'énigme, j'ai senti où le bât blessait M. Soyer-Willemet : je m'étais comporté comme ce Magister qui, voulant fêter Voltaire passant par son hameau, arriva au-devant du Philosophe avec des bannières portant *Misanthrope, Athalie, Cinna*, tous les chefs-d'œuvre enfin qui n'étaient pas de lui.

XXIII. *Lamium*. Selon Rchb., le *Maculatum* est propre à l'Italie, et les feuilles tachées qu'on observe dans nos climats appartiennent au *Galeobdolon*. On trouve cependant fréquemment à Nancy le *L. maculatum* fleuri avec des feuilles portant une large bande blanche dans leur milieu. Plus souvent on voit les feuilles, marquées au printemps de la bande blanche, la perdre à la floraison ; enfin l'état le plus ordinaire est l'absence de tache en tout temps.

Moralité. Je ne vois aucun homme parfaitement heureux : tous sont travaillés de la même maladie, l'ennui. Le remède serait cependant bien facile, la cause du mal étant évidente, l'orgueil. Chacun aujourd'hui s'estime infiniment soi-même et son étude spéciale, méprisant cordialement les autres ; il ne les écoute pas s'ils parlent, ne cherche pas quel genre de mérite

Pierre ou Jacques peut avoir, ou s'il y a présence ou absence de mérite : « Qué q'ça m'fait? » Eh bien, c'est un égoïsme très-mal entendu. Car posons d'abord en principe que le vulgaire est essentiellement insupportable, conformément au dire du Poète : *Odi profanum vulgus.* Or, pour échapper à l'ennui de son amitié et aux inconvéniens de sa jalousie, il y aurait un moyen aussi facile qu'agréable. Tous les hommes un peu supérieurs à la foule devraient se chercher les uns les autres, s'examiner soigneusement et puis se réunir, former une noble famille dont tous les membres s'aideraient, le premier monté tendant la main à ceux d'en bas. Mais combien cette utopie est différente de la réalité. A présent, il n'y a pas moyen de faire constater sa capacité par ses pairs ; on a beau s'y prendre de la manière la plus raffinée, la plus délicate, *rien ne prend.* Par exemple : tout le monde sait que peu de gens savent distinguer scientifiquement le *L. album* du *Maculatum ;* voulant donc montrer mes connaissances à cet égard à un Botaniste aux bonnes grâces duquel je tiens beaucoup, et qui est sans contredit une perle d'amabilité auprès des autres, je prends de la main gauche un rameau d'*Album* et de la droite un de *Maculatum*, et je lance dans la conversation : « Je voudrais bien trouver l'*Album* à fleur rouge et le *Maculatum* à fleur blanche. » La délicatesse du tour valait certes bien le fromage de me demander : « Est-ce qu'il y a un bon caractère ? » Et moi de développer alors l'ascendance de la corolle, le nombre des dents, mentionnés par Koch, et d'ajouter les autres caractères, toujours tirés de la corolle, que j'ai découverts. Pas de tout cela ! on ne veut pas recevoir de leçons *d'un jeune-homme qu'on a vu commencer.* Je disais donc : « Trouver le *blanc* à fleur *rouge* et *vice versâ* » : savez-vous ce qu'on m'a répondu ? je le donne à deviner en mille.... On m'a répondu : « Eh bien ! cherchez-les. » Ainsi donc quand on a de la capacité, il faut la garder pour soi sans en laisser suinter un atôme, attendre tranquillement si la gloire passera pour sauter dessus, consumer dans l'inaction ou dans un travail sans matériaux la plus belle partie de sa vie, celle où le feu de l'enthousiasme ferait faire des choses prodigieuses si on était aidé, soutenu par l'estime des gens qu'on estime : à la longue, les fonctionnaires décamperont, et quand viendra l'âge du repos, on arrivera aux places qui donnent les moyens de travailler; alors on se renverse dans son fauteuil, et on y dort comme son prédécesseur. Que diable ferait-on d'une gloire posthume? la gloire n'est une jouissance que dans la jeunesse; passé 30 ans, on vendrait son immortalité pour un pâté de foie gras ou une bouteille de Château-Margot. Croit-on que je sois d'humeur à long-temps suer dans le vide comme j'y sue; que je m'imposerai long-temps les privations que je m'impose pour obtenir des résultats de la force de ma brochure, ce torchon que je jette au nez du monde savant en manière de mauvaise plaisanterie. Pour peu que je reste encore aux prises avec les difficultés qui m'étreignent, ma vie physique ou ma vie intellectuelle finira.

On a beau se montrer estimable, on n'obtient de cette manière ni estime ni amitié. Le bonheur est au fond d'une marmite, il faut beaucoup d'argent pour l'y aller pêcher; sinon, non, —« on se brosse le ventre », comme dit fort élégamment mon doux maître M. Soyer-Willemet.

CHARDONS NANCÉIENS,

OU

PRODROME

D'UN

CATALOGUE DES PLANTES

DE LA LORRAINE,

1er FASCICULE,

PAR LE DOCTEUR HUSSENOT,

Qui N'est Rien, Pas Même médecin; d'Aucune académie.

Dignus es intrare
In nostro docto corpore.

DEUXIÈME ÉDITION.

NANCY,
IMPRIMERIE DE DARD, RUE DES CARMES, N° 20.

1836.

ABRÉVIATIONS.

'	Pied.
"	Pouce.
'''	Ligne.
f.	Figure.
T. t.	Tabula.
DC.	Decandolle.
Rchb.	Reichenbach.

DEUXIÈME ÉDITION.

Préface supprimée, en tant qu'absurde et sans intérêt.

I. Sans intérêt.

II. Inutile. Avant dernière ligne, lisez : *Montanum Wallr*, au lieu de *Vallr.*

III. — XI. *Id.*

XII. Niaiserie. P. 29, l. 9, ajoutez : — Ces nombres sont fréquens, mais non constans.

XIII. Plaisanterie. — Ne voulant pas immiscer M. M.... dans mes querelles, j'aime mieux déclarer qu'il ne m'a rien dit à cet égard. — Au lieu de *Vulgaris ordinaire*, lisez : *Type.* Je n'avais pas pensé au jeu de mots, qui serait fort bête et serait une fausseté.

XIV. Minuties. P. 34, l. 22, ajoutez : — Dans l'*English Flora* (1829), faisant amende honorable à la loi de priorité, Smith dit : *N. pumila.*

XV. Soporifique. P. 38, l. 28, lisez : *Inégalement.*

XVIII. Rectification : Le *Microcarpa Andrz.* est, selon Rchb., le *Silvestris Wallr.;* mon Microcarpa est probablement une Variété à fruits étroits du *Sativa*, *Sativa β psilocarpa.*

XIX. Je venais de trouver à Commercy le *Sisymbrium supinum*, et à Rémréville le *Senecio silvaticus;* je mets l'étiquette du *Sisymbrium* au *Séneçon*, celle du *Séneçon* au *Sisymbrium*, et je porte mes plantes chez un Professeur d'Histoire naturelle : « Monsieur, je viens vous offrir 2 plantes nouvelles pour notre Flore. » « Ah ! voyons ; » il ouvre, il prend d'une main l'étiquette portant *Sisymbrium* et de l'autre l'échantillon de *Séneçon :* « Est-ce que c'est un *Sisymbrium* ça ? » « Certainement, Msieur. » « Ah ! » (Il n'avait jamais vu de *Sisymbrium* analogue), il prend sa loupe et regarde les capitules : « Mais est-ce que c'est bien un *Sisymbrium?* » « Incontestablement, Msieur ; c'est même le *Sis. supinum* qui passe pour assez rare en France. » Il paraissait trouver à ce *Sisymbrium* un facies hétéroclite, mais il n'osait cependant pas me contredire : il prend sa loupe une seconde fois, et même une troisième ; enfin, de guerre lasse, il lève la première feuille et trouve dessous l'échantillon de *Sisymbrium* avec l'étiquette de *Séneçon.* « Anh ! s'écrie-t-il, c'est un Séneçon. » « Ah ! sacrebleu, Msieur, je me suis trompé d'étiquette. » — Depuis lors, ce Professeur a l'air de m'en vouloir, et bien injustement, car je n'avais pas l'intention de l'attraper. J'en donne ici ma parole d'honneur, je n'aurais jamais cru qu'on pût prendre une Composée pour une Crucifère.

XX. M. Soyer dit, Obs. p. 141 : « *Teesdalia nudicaulis* β *lepidium* (Morteau, près Rosières). D'après la comparaison de nombreux échant., dont les uns ont les pétales irréguliers et les autres réguliers, mais dans lesquels je n'apperçois aucune autre différence, etc. » J'ai, cette année, exploré attentivement la localité susdite, avec un désir avide d'enfin posséder le *T. lepidium*, mais va-t-en voir s'ils viennent, je n'ai vu que du *T. iberis.* De trois choses l'une : ou la plante change bon an mal an, ce qui est duriuscule à avaler ; ou M. Soyer nous a fait une colle, ce que je n'admets pas, vu qu'il n'est pas assez farceur et trop consciencieux pour ça ; ou enfin il a vu double, ce qui est infiniment moins impossible. Il aura observé sur le sec, et cru voir égaux des pétales inégaux en réalité. Loin de moi l'idée de vouloir dénigrer le beau talent de M. Soyer, la lime de l'envie n'y saurait mordre ; c'est pur dévouement de ma part à la manifestation de la vérité.

XXI. Doléances parfaitement inutiles : c'est chanter dans un violon.

XXII. Trop vrai pour n'être pas inconvenant à tous égards; —a le tort d'attaquer un homme certainement honorable, quoique dur (pas tendre).

XXIII. Désespoir à la mode : le *siècle* est las, pour ne pas dire assommé, de tous ces génies méconnus qui épandent à flots la bave de leurs plaintes. Plantez vos choux et laissez-nous tranquille. Il n'y a pas de génies méconnus, le signe du génie est d'apparaître en dépit des obstacles. Si donc on vous méconnaît, c'est que vous êtes médiocre. Attrape.

XXIV. [1] La Flore d'Europe possède aujourd'hui, de par Linné, Hayne et Koch, 4 Espèces de ***Drosera***, que vraisemblablement on retrouvera en tout pays Européen suffisamment étendu, lorsqu'on saura les reconnaître. Pour ce vais-je essayer de les différencier plus complètement qu'on ne l'a fait jusqu'ici ou jusqu'à présent, et non pas jusqu'*alors*, grossière faute de logique et de langage commise journellement par des hommes même recommandables. Je ne donne d'Habitat que ceux observés par moi, ou dont j'ai vu des provenances dans les Herbiers de MM. Gay, Jussieu, Richard, etc. Je disais donc qu'il y a 4 Espèces (qu'il y *avait* serait encore une faute):

1. *Rotundifolia L!* Feuilles appliquées sur la terre (déprimées Smith): pétiole velu à sa face supérieure, non cilié; limbe orbiculaire ou transversalement ovale. Scape dressé. Sépales linéaires obtus, *en fruit* dressés contigus. Stigmates capités, blanchâtres. Capsule dépassant le calice, cylindrique-ellipsoïde, non sillonnée, unie. Graines linéair-fusiformes : test celluleux, lâche (*à une forte loupe:* à très-petites stries longitudinales, aucune cellule proéminente,—dépassant beaucoup le nucléus

[1] N'ayant pas en ma possession la plupart des ouvrages que je cite, j'ai pris mes notes en les consultant soit à Paris, soit ailleurs; il serait donc possible qu'on trouve dans mon travail, quelques erreurs de chiffres.

par en haut et par en bas).—*D. f. rotundo* Fl. Lapp. n. 109 Linné! in herb. Burmann). Blacw. t. 432 (graines allongées et ovales, probablement d'*Intermedia*). Barrelier 251 f. 1. pessima. Bulliard 181. Schkuhr t. 87 (stigm. bien. Le pétiole est cilié, et non poilu sur sa face sup.) Fl. Dan. t. 1028 (sépales bien, stigm. et caps. mal). Eng. Bot. t. 868 (pétiole très-court). Hayne et Drèves t. 74 (stigm. bien, graine assez bien.) *Longif.* Gœrtner t. 61 la graine de droite sous la lettre F, excl. le reste. —Le *Rotund.* Michaux! *Capillaris* Poiret, ne me paraît pas différer du Nôtre, mais je n'ai analysé ni la fleur ni le fruit. —Hab. les tourbes grasses ou maigres indifféremment, seul ou avec un ou plusieurs des Autres: dans toute l'Europe (excepté la Grèce et je crois l'Italie, qui sont aussi privées des 3 Autres), et dans l'Amérique septentrionale tempérée (*Michaux*). (Décrit sur 91 échant.)

2. *Intermedia Hayne.* Feuilles ascendantes et dressées: pétiole glabre, non cilié; limbe obové ou oblong-obové. Scape ascendant (infractus [basi] Fries, crochu à la base). Sépales obovés très-obtus ou linéair-obovés obtus, *en fruit* patens et distans. Stigm. plat, linéaire, émarginé en V, rougeâtre au sommet. Caps. dépassant le calice, courtement pyriforme, à 3-4 larges sillons, unie. Graines oval-ellipsoïdes: test tuberculeux, exactement appliqué (*à la loupe:* tout couvert de forts tubercules noirs ou gris, saccharoïdes).—*Ros solis f. oblongo* Dodoens 471 f. optima. Dalechamps latinè 1212 f. optima. Morison 15. 4. f. 2 (donne une excellente idée de la Plante, mais le scape est dressé). *Longif.* Schk. t. 87. Gœrtner t. 61: capsules CD assez mal; graines de gauche sous la lettre F et graines GH bien; excl. la graine de droite sous la lettre F, qui appartient au *Rotund.*, et les caps. AB, qui sont de toute fausseté et n'appartiennent à aucune Espèce. *Intermedia* Hayne t. 85. B (caps. mal; stigm. bien, s'il n'était élargi du bout;

graine bien, si elle n'était tronquée à un bout).—*Longif.* Smith. *pro parte. Longif.* DC Fl. Fr., Wallr! sched., Hooker! Brit. Fl. (ex Green), et Aliorum. *Interm.* DC Prodr., St.-Hilaire Pl. us. Brés., Rchb! Fl. exc., et Recentiorum. — Hab. ordinairement les tourbes maigres, alors le scape dépasse peu les feuilles; quelquefois les grasses, alors le scape est fréquemment double des feuilles ou un peu plus. Paraît ne venir jamais côte à côte avec l'*Anglica* ou l'*Obovata* : mais avant qu'on adopte définitivement ce Fait ultra-singulier, paradoxalissime, j'appelle sur lui toute l'attention des Observateurs. [1] — Bruyère, Vosges. Lunéville (*Guibal*). Haguenau (*Godron*). Bitche (*Schultz*). Étang des Planets à St.-Léger. Étang de la Primardière à Behoust, Seine-et-Oise (*Gay*). Marais de Vesly dans la Lande de Lessay près Coutances, D[t] de la Manche (*Gay*). Vire (*Lenormand*). Marais Vernier au Hâvre (*Dalmenesche*). Mt-Cenere entre Bellinzona et Lugano (*E. Thomas*). Halle en Prusse (*Wallroth*).

1 Je lis dans l'Herbier de M. Gay : « Au marais de Vesly, on trouve les 3 Espèces : dans la partie spongieuse et centrale du marais, là où il y a Sphagnum et Myrica, l'*Anglica* croît pêle-mêle avec le *Rotund.*, sans mélange d'*Intermedia.* Dans les fossés qui bordent le marais, et où la terre est simplement sablonneuse et tourbeuse sans Sphagnum, on trouve réunis le *Rotund.* et l'*Interm.* sans *Anglica* ». M. Gay a aussi trouvé, dans un coin du même marais, où la tourbe est grasse, une Forme de l'*Interm.* qu'il appelle *V. racemo elongato laxo*, dont les feuilles ont 2'' et le scape 3 ½ - 4'' : « mêlé avec le *Rotund.*; à quelques pas de là, le *Rotund.* manquait, et on ne trouvait plus que la Forme ordinaire de l'*Intermedia* ». — J'ai observé à St.-Léger l'*Interm.* grand et petit, toujours mêlé au *Rotund.*, et les 2 Formes tellement mêlées, avec tant de Passages, que je ne puis faire de cela 2 Variétés. Quant à la forme lâche de la grappe, c'est selon moi une monstruosité, mais qui est presque l'état habituel des 2 Formes; cela s'observe aussi, mais bien plus rarement, dans les autres Espèces.

Le Grunewalde à Berlin (*Rchb.*) Écosse (*Green*). Macahè au Brésil (*Saint-Hilaire*). (Décrit sur 162 échantillons.)

Le *Longifolia*, Michaux !, *Americana* Wild, *Intermedia* γ *americana* DC. Prodr., est une Espèce très-distincte par sa forte tige aérienne d'1–2", portant le scape à son sommet, et pas de scape au bas ou dans sa longueur. Resteront cependant à examiner la fleur et le fruit, car s'ils étaient ceux de l'Intermedia, il faudrait en revenir à l'opinion de DC., puisque sur le Nôtre, on trouve quelquefois, outre le scape radical, une petite tige aérienne scapigère. — Pétiole non cilié.

3. *Obovata Koch!* Feuilles ascendantes et dressées : pétiole glabre, à cils ordinairement très-nombreux ; limbe obové ou oblong-obové (à très-peu-près de même forme que dans l'*Interm.,* mais plus longuement atténué à la base, c'est-à-dire que les sétules descendent comparativement plus bas sur le pétiole). Scape dressé. Sépales linéaires obtus, *en fruit* dressés contigus. Stigm. clavés, blanchâtres. Caps. moitié au moins plus courte que le calice, courtement cylindrique (oval-cylindrique), non sillonnée, unie. Graines oblong-ovoïdes, très-petites : test celluleux, lâche (*à la loupe :* à petites proéminences celluleuses arrondies). — *Salsirora f. oblongo* Thalius t. 9 fig. dextra (représente passablement les petits Échant. : les cils du pétiole sont bien indiqués, et certainement avec intention). *Ros solis f. oblongo*, JB. III. 761 f. sinistra (mauvaise copie retournée de Thalius, en raccourcissant un peu les scapes). Barrelier 251 fig. 2. pessima. *Longif.* Smith EB. t. 867 (représente optimè les Échant. de moyenne grandeur ; c'est absolument la Plante comme elle vient aux Vosges les années sèches : redressez les 2 scapes latéraux, un tantinulet ascendans). Bulliard 181. H (bona, pétioles un peu courts : on trouve rarement des limbes aussi géans et aussi peu renflés du bout relativement au reste ; mais, cependant, on en

trouve, et cette Figure est on ne peut plus apte à faire distinguer l'Espèce). Lamark? Illustr. t. 220 f. 2 (mala. les analyses sont copiées de Gœrtner, se rapportent conséquemment à l'*Interm.*, avec les fautes signalées). — *Longif. pro parte* du Texte de l'EB. et des 2 Flores Anglaises de Smith. *Longif.* Wahl. Fl. Upsal. (excl. le Syn. de Hayne). *Longif.* *α* Wahl. Fl. Suec. (excl. la fig. citée du Fl. Dan.). *Interm. scapo basi non declinato*, Fries. Nov. 84. *Obovata* [1] *Koch*! (1826.) *Rotundifolio-Anglica* Schiede Pl. Hybr. (1825.) *Rotundifolio-longifolia* Rchb. Fl. Exc. *Neglecta* Lehmann ex Rchb., verosimiliter in litteris. (L'authenticité du Syn. de Koch entraîne celle des 5 derniers, puisqu'eux et Koch ont reçu la Plante de Zuccarini.) *Interm.* Soyer! Obs. p. 26 (1828.) Reuter! catal. de Genève (ex Buttin). Interm. scapo non ascendente Hussenot in litt. 1829. *Anglica* Ach. Ri-

[1] Le célèbre Koch, à qui j'ai envoyé notre Plante Vosgienne, me répond en juin 1835 (*germanicè :* car je ne veux pas rendre ce grand homme responsable de mes expressions) : « Je vois avec plaisir que je n'ai pas inutilement invité les Botanistes à observer plus complètement le *D. obovata.* Je n'ai pas encore pu examiner la plante vivante, et en l'admettant dans ma Flore d'Allemagne, j'ai dû accepter l'opinion de l'Inventeur; cependant j'avais dès-lors des doutes sur son hybridité, et c'est pour cela que je lui ai donné un nom spécifique. Votre Espèce des Vosges est identique à celle cueillie par Zuccarini dans les Sous-Alpes Bavaroises, et par Spitzel dans celles du Tyrol, comme vous le verrez par les 2 feuilles ci-jointes. — Je ne connais pas de *D. neglecta Lehm.*, et je n'en ai pas reçu de Lehmann, qui m'a donné pourtant beaucoup de plantes du Nord. Il n'a pas décrit le *D. neglecta* dans ses *Pugilli rariorum :* il n'y a pas de description de cette plante dans le Linnœa ni dans le Journal Botanique de Ratisbonne; seulement, dans l'année 1830 de ce dernier, ce nom se trouve une fois, sans aucun détail. Je présume que si Lehmann a fait un D. neglecta, ç'a été dans sa correspondance ».

chard! 1829. msc. en son Herb. de Paris. — On pourra retrouver la Plante dans maint *Longif.* des Modernes et dans maint *Ros solis f. oblongo* des Anciens. Je recommande aux Botanistes du Devonshire le « *Rorellœ species tertia seu Rotund. perennis* », signalé et envoyé à Ray II. 1100. par Willisell « *vulgari Rotund. major, f. erectis, non ut in vulgari super terram stratis* » : je crois cependant plutôt que c'est le *Rotund.* à caulicule foliifère, comme il sera expliqué au chapitre *Végétation.* — Hab. Ordinairement les tourbes grasses, quelquefois les maigres, avec le *Rotund.,* sans ou avec *Anglica.* Mt Vorderjoch en Bavière, avec *Rotund. et Angl.* (*Zuccarini ex Koch*). Lac noir près Kitzbuhel en Tyrol, *id.* (*Spilzel*). Lispach près Gérardmer, Vosges, *id.* Marais de Magny et des Voyrons à Genève, avec *Angl.*, et sans doute aussi *Rotund.* (*Buttin, Güder. Guillemin*). Savoie, *id.* (*Herb. Jussieu*). Fêne du grand étang, Blanchemer, Gazon-Martin, 3 localités près Gérardmer, avec *Rotund. seul.* Toutes les localités citées jusqu'ici sont *alpestres.* — Mortefontaine, près Paris, prototype de plaine; rarissime parmi l'*Anglica* très-abondant et le *Rotund.* un peu moins abondant. — Enfin j'ai vu aussi un échant. parmi beaucoup d'*Anglica* dans l'Herb. du Muséum, sans localité. (Décrit sur 112 Echant.)

Cette plante est une hybride, a-t-on dit, exactement intermédiaire entre *Rotund.* et *Angl.* Supposons que la question ne soit pas résolue négativement par le fait de mes 3 Localités Vosgiennes, et raisonnons. L'*Obovata* ne s'approche du *Rotund.* que par la forme du limbe; les poils du pétiole, qui, observés superficiellement, tendent à l'en rapprocher, l'en éloignent très-fortement quand on fait attention à leur position. Il est au contraire tout voisin de l'*Anglica*, dont il ne diffère sérieusement que par la capsule; le limbe aussi, quoique très-variable en dimensions dans l'une et l'autre Espèce, conserve très-constamment sa forme différentielle : sur des milliers d'Echant. observés frais, je n'en ai pas rencontré un seul où j'aie pu hésiter dans la Détermination. Secs, c'est très-différent ; pour peu que le limbe de l'*Obovata* se soit rétracté par insuffisance de compression, la feuille peut devenir linéaire comme une feuille d'*Anglica.* Le limbe rapproche l'*Obovata* de l'*Interm.,* mais tout le reste l'en éloigne beaucoup : l'*Obovata,* que l'on très-généralement confond avec l'*Interm.,* est infiniment plus loin de celui-ci par les caractères que des 2 Autres.

4. *Anglica Hudson.* Feuilles ascendantes et dressées : pétiole glabre, à cils ordinairement peu nombreux ; limbe linéaire-oblong. Scape dressé. Sépales linéaires obtus, *en fruit* dressés contigus. Stigm. clavés, blanchâtres. Caps. dépassant le calice, prismatique obtusément 4-3-gone, non sillonnée, gibbosule de toutes parts. Graines oblong-ovoïdes : test celluleux, lâche (*à la loupe :* à petites proéminences celluleuses arrondies, — dépassant notablement le nucléus par en haut et par en bas). — *Ros solis major longiore folio* Morison 15. 4. f. 1 (limbe un peu trop large). Petiver t. 63 f. 12 (copie réduite de Morison). *Anglica* Smith EB. t. 869 (Fleurs trop grosses). *Longif.* Hayne t. 85 A (graine assez bien, stigm. bien). Flora Danica t. 1093. — *Ros solis f. oblongo* CB. Pinax ex Hagenbach! *D. f. oblongis* Fl. Lapp. n. 110 Linné! in herb. Burmann. *Longif.* Linné Species, Fries !, Rchb. ! *Longif.* β *major* Wahl. Fl. Suec. *Anglica* Koch ! Hagenbach ! Spenner ! Gaudin ! — Hab. Ordinairement les tourbes grasses, alors les feuilles sont très-développées et le scape est double d'elles en longueur ; quelquefois les maigres, alors les feuilles sont peu développées, et le scape a 4-5 fois leur longueur : il est d'ailleurs généralement plus élevé dans ce cas,

même absolument (les choses sont inverses dans l'*Interm.*). Lispach, Vosges. Sarrebruck (*Léo*). Kaiserslautern (*Koch*). Lyon (*Aunier*). Mortefontaine, Paris. St.-Léger, Paris (*Tscherniaew* 1822, sans indication plus précise). Falaise (*Brebisson*). St.-Pierre de la Dive à Caen (*Tournefort*). Coutances, D[t] de la Manche (*Gay*). Vallée d'Enfer, Forêt noire (*Nestler. Hagenbach*). Duiliers près Nyon (*Gay*). Berne (*Seringe* [1] in herb. Gay). Marais de Magny et des Voyrons à Genève (*Buttin. Güder. Guillemin*). Saltzbourg (*Hinterhuber*). Carinthie (*Hollandre*). Tassdorf et Charlottenburg à Berlin (*Rchb.*). Smolande (*Fries*). Laponie (*Linné*). (Décrit sur 162 Échant).

Végétation. Les Drosera sont-ils annuels, comme l'ont avancé quelques hommes éminens dans la Science, ou bien vivaces, comme on l'a cru généralement. Ne voulant pas faire une vaine parade d'érudition de pacotille, je m'abstiendrai de dire que Koch et Gaudin les font tous vivaces; Rchb. et Mérat tous annuels; DC. *Rotund.* annuel, *Interm.* douteusement annuel et *Angl.* vivace; Loiseleur *id.*, hors que l'*Interm.* est douteusement vivace; Schultes de la Flore d'Autriche *Rotund.* vivace et les 2 Autres annuels : j'arrête ma lanterne magique, et je passe aux très-curieuses observations que le hasard, ou plutôt la providence, m'a permis de faire sur ce litige. — Au printems, naît au niveau de terre une touffe de feuilles qui, dans les terrains secs, demeure en rosette radicale, et qui, dans les terrains gras et humides, s'allonge fort souvent en une petite tige feuillée, haute de 3-15 lignes : plus tard, de l'aisselle d'une ou plusieurs des feuilles du bas de la tige ou extérieures de la rosette s'élance un scape. Le *D. Ame-*

[1] « Avant 1811 », m'a dit avec insistance M. Gay, sans doute parce que Gaudin indique l'*Interm.* à Berne sur l'autorité de Seringe, et que celui-ci peut depuis y avoir trouvé ce dernier. Si ce n'est pas cela qu'a voulu me dire M. Gay avec son « avant 1811 », Davus sum, non OEdipus.

ricana Wild. n'offre pas de rosette radicale, mais émet une forte tige qui, de l'aisselle d'une des feuilles suprêmes, émet un scape, et aucun à sa base ou dans sa longueur. J'ai trouvé un *Rotund.* qui avait un scape au haut d'une tige de 15 l., *mais* il y avait *aussi* un scape radical. J'ai vu le même Fait sur un autre, où la tige était moins longue, et enfin sur un *Interm.*, où elle était encore plus courte. En terre, ou plutôt dans la mousse, descend une tige souterraine longue de quelques lignes à 1-2", portant, immédiatement au-dessous de la rosette foliaire, des fibres radicinales; plus bas, des feuilles vivantes dont le pétiole traverse la mousse, entremêlées ou non de quelques fibres; plus bas encore, des débris de pétioles, avec beaucoup de fibres ou sans fibres, — enfin on arrive à une rosette souterraine de feuilles noircies-carbonisées, qui souvent a conservé son ou ses scapes: de cette rosette partent par en haut une ou plusieurs des plantes de l'année, ou plus exactement, plusieurs rhizômes partiels [1] qui, au premier abord, paraissent former chacun un individu distinct. Ces rhizômes partiels sont évidemment monocarpiques, mais sont-ils annuels ou bisannuels ? Les débris de pétioles qui garnissent la partie inférieure indiquent la bisannualité. Autre preuve : Quand les Drosera sont en fleur ou en fruit, on trouve 1° des individus où tous les rhizômes partiels qui partent de la rosette souterraine ou collet souterrain sont scapigères, 2° d'autres individus où tous les rhizômes ne portent que des feuilles [2], 3° des individus de l'année, sans tige sou-

[1] Les Allemands appellent cela *Wurzelkopf*, terme auquel je ne trouve pas d'équivalent en Français.

[2] Je n'ai pas conservé d'échantillons de cet état; mais si, comme je le crois, ils présentent à leur partie inférieure des débris de pétiole comme les échantillons fleuris, cela prouverait, ce me semble, que la floraison n'a lieu qu'à la troisième année.

terraine, qui consistent en un bouquet de feuilles et des fibres radicinales. Ceci démontre que la floraison n'a lieu qu'à la seconde année. Revenons à notre rosette souterraine : au-dessous d'elle, on trouve des fibres radicinales, et une tige garnie de débris de pétioles, qui conduit à une autre rosette plus enfoncée. J'ai même trouvé, sur une tige souterraine de 2 $\frac{1}{2}$", les traces de trois floraisons fossiles ; et comme l'extrémité inférieure paraissait rompue, je ne doute pas qu'en mettant plus d'adresse dans l'extraction, j'en eusse trouvé davantage. L'individu avait donc au moins 7 ans. Ces observations sont très-faciles à faire dans les tourbes très-grasses et très-aqueuses, comme à Gérardmer dans les Vosges et aux Planets de St.-Léger.

Comment expliquer ces rosettes si profondément enfoncées? Ce n'est certainement pas le Drosera qui est descendu, c'est la mousse qui a monté. La portion de tige souterraine comprise entre deux rosettes n'a souvent que quelques lignes, ou bien étant longue d'1-2", elle s'élève très-obliquement ; et alors, on peut à la rigueur concevoir que le sol s'élève chaque année de quelques lignes. Mais on trouve aussi cette portion de tige haute d'1-2" et s'élevant verticalement : or si le sol s'élève chaque année de 2", la tourbière formera bientôt une colline, ce qui n'a pas lieu. Voici mon hypothèse : la mousse, ou le sol (ce qui est ici la même chose) s'élève effectivement chaque année soit de quelques lignes, soit d'1-2", mais chaque année aussi toute la masse se tasse, de manière que la tourbière n'élève pas du tout son niveau, ou plus probablement l'élève de très-peu. Eh bien voyons : franchement, la main sur la conscience, mes frères en Epitrichoscopie, n'avais-je pas raison de qualifier tout cela de très-curieux? Dans les terrains fermes, dans le sable, les floraisons sont tellement rapprochées, qu'on ne peut pas les distinguer : non-seulement les floraisons sont confondues, mais même la végétation des deux années nécessaire à chaque floraison. — Avant que je commence mes observations là-dessus, M. Gay avait observé en Bretagne, sur l'Anglica, une floraison souterraine antécédente, et ce grand Botaniste m'en avait même donné un échantillon probant : mais comme la tige souterraine était de quelques lignes seulement, j'y avais fait peu d'attention. Étant allé quelque temps après à St.-Léger, là, trouvant sur l'*Interm.* des tiges d'1-2", je commençai des observations sérieuses. J'ai retrouvé ensuite le Fait absolument identique dans les 3 Autres. Ergò, les Drosera sont non-seulement *perennes*, mais *longævi.*

La Description des Feuilles n'est faite nulle part d'une manière complète et irréprochable, chacun a compris certains détails et a manqué certains autres : je vais donc essayer de la refaire : favete linguis. La Feuille des 4 Espèces diffère par plusieurs ordres de caractères, la forme et les dimensions du Limbe, l'indument du Pétiole, la Stipule. La dimension absolue a peu de valeur, mais la dimension relative des divers points du Limbe en a beaucoup ; c'est ce qui donne à chaque Espèce son Limbe caractéristique, les dimensions en longueur et en largeur étant supposées les mêmes pour toutes les Espèces, — cas qui — se présente souvent à l'observateur, puisque dans chaque Espèce, on trouve des Feuilles géantes et des Feuilles naines. Les auteurs ont fait de vains efforts pour qualifier en peu de mots la forme du Limbe : la chose me paraissant impossible, je me suis contenté pour mes *Phrases* d'un à peu près, mais j'entrerai plus bas dans des détails minutieux tout-à-fait nécessaires pour l'intelligence de la chose, et encore.... Il faudrait tonn. d. Dieu pour arriver ad hoc réunir la géométrie, l'éloquence et le dessin. — Les Sétules qui garnissent la face supérieure et le bord du Limbe sont des Poils composés, pourpres dans la plus grande partie de leur étendue, et terminés par une glande pourpre toujours entourée d'un liquide mucilagineux, — courts sur le limbe, longs au bord : sur quelques feuilles, je les ai trouvés blanchâtres, terminés par une glande rosée. Ces Sétules descendent un peu sur la partie rétrécie de la Feuille, autrement dit le Pétiole, mais comme il n'existe pas de démarcation tranchée entre le Limbe et le Pétiole, on doit appeler Limbe tout ce qui est couvert de Sétules. — ***Rotund.*** : le Limbe offre 2 Portions assez distinctes, la Terminale (3–3 ½ l. en longueur sur 3 de large dans les plus vastes) offre un orbe ou un ovale-transversal, entier ou légèrement échancré à son sommet ; puis le Limbe se rétrécit brusquement et s'atténue vers le Pétiole : cette Portion rétrécie varie beaucoup en longueur, étant tantôt moitié, tantôt presque double de la Terminale. Ces 2 Portions ne sont pas toujours distinctes ; très-souvent au contraire, le Limbe, à partir de sa plus grande largeur, se met tout de suite à s'atténuer par une Courbe uniformément concave, (absolument comme dans l'*Interm.*, hors que l'arc de la Courbe, au lieu d'être presque parallèle au Pétiole, lui est presque perpendiculaire) : et voilà cependant le Caractère qu'on donne au ***Rotund.*** d'Amérique, *Capillaris* Poiret, avec des Pétioles plus courts : j'en ai vu 3 Échant. dans l'herb. de Michaux, le Limbe est identique à la Forme du Nôtre que je viens de dire ; je ne me rappelle pas bien la dimension des Pétioles, mais il me semble qu'ils étaient aussi longs que beaucoup des Nôtres. — Le Pétiole a sa face supérieure couverte de poils celluleux simples, cloisonnés, d'un blanchâtre mat : *aucun n'existe sur les bords*. Les plus grandes Feuilles que j'aie trouvées ont 2 ½''. — Dans les 3 Autres, les 2 Portions du Limbe ne sont pas distinctes, et passent de l'une à l'autre par une Courbe concave dans *Interm.* et *Obov.*, par une Ligne droite ou même un tantinet convexe dans *Anglica*. Le Limbe d'*Interm.* a la même forme que celui d'*Obov.*, renflé du bout, ou plus exactement, élargi du bout : tantôt le point de la plus grande largeur se trouve tout près du sommet, et en traçant sur le Limbe une courbe semblable à celle du sommet, on aurait un Ovale transversal, — tantôt un peu plus bas et on aurait un Cercle, — tantôt la plus grande largeur est assez loin du sommet et on aurait, sur un gros *Obov.*, un Ovale ou plus rarement une Ellipse de 5 l. de long sur 3-4. Dans *Obov.*, la Portion rétrécie glandulifère est proportionnellement plus longue que dans *Interm.*, *id est* les Sétules descendent plus bas. *Anglica* ; le Limbe n'est pas renflé du bout, la Portion large forme une Ellipse de 8 l. sur $\frac{5}{4}$. — L'*Interm.* est la seule Espèce où les dimensions absolues ont de la valeur : dans les plus grands individus du terrain le plus gras, jamais je n'ai vu au Limbe plus de 6 l. en longueur et de 2 en largeur, jamais plus de 2" à la Feuille. — A Paris, le Limbe d'*Obov.* a ordinairement 8-10 l. de long sur 2-4, la Feuille 1 $\frac{1}{2}$ - 3" : aux Vosges, le Limbe 8-11 l. sur 2-4, la Feuille 1 $\frac{1}{2}$ - 3" ; et une Feuille du Tyrol de 3 $\frac{1}{2}$" a le Limbe de 13 l. sur 3. — A Paris, le Limbe d'*Anglica* a 7-8 l. sur 1, la Feuille 1-2 $\frac{1}{2}$" : un Échant. cueilli à St.-Léger a des Feuilles de 3", le Limbe 1" sur 1 $\frac{1}{2}$ l. : aux Vosges, le Limbe a 9-12 l. sur 1 $\frac{1}{2}$ - 2, la Feuille 2-3 $\frac{1}{2}$". — Le Pétiole d'*Interm.* est entièrement glabre, je ne lui ai jamais vu un seul cil. Celui d'*Obov.* est ordinairement garni dans toute sa longueur d'un grand nombre de *cils* celluleux (de même nature que les *poils* du *Rotund.*) ; quelquefois il en a très-peu, 2 ou 3 par exemple, mais je n'ai pas rencontré de rosette où il n'y eût plusieurs Pétioles passablement ciliés. Le pétiole d'*Anglica* n'a quelquefois pas de cils, ordinairement peu, 3-6-8, quelquefois beaucoup : généralement, dans une rosette, on trouve des cils en petit nombre sur la plupart des Pétioles. — M. Mougeot a observé que les Sétules d'*Obov.* sont plus épaisses à la base, et partout de même épaisseur chez *Angl.* et *Rotund.* : je regrette de n'avoir pas pensé à répéter cette observation sur le vif.

Stipule. La base de la face supérieure du Pétiole est très-lisse, luisante, et cette surface lisse, de 1–4 l. en longueur, se termine en haut par une Ligne de poils celluleux, argenté-scarieux, de même nature et aspect que la surface lisse qu'ils surmontent : ces poils, qui paraissent une membrane finement laciniée, forment une Rangée transversale rectiligne, ou transversale en arc de cercle, ou oblique rectiligne, ou composée de ces 2 derniers modes. Dans *Rotund.* et *Interm.*, on ne trouve que la Frange transversale, et aucun Cil au-dessous : dans les 2 Autres, la Frange se prolonge par en bas, en formant des Cils dans une certaine étendue, descendant ordinairement plus d'un côté que de l'autre. La Surface nacrée, la Frange transversale et ses Cils sont une Stipule unique, intra-pétiolaire, adnée au Pétiole : cet organe ressemble tout-à-fait, par son aspect et sa position, à la *Ligule* des Graminées. Au-dessous des cils stipulaires, et, dans les 2 Espèces privées de ces cils, sur les 2 bords de base du Pétiole, il y a des tubercules de même nature, qui sont des cils avortés.—Dans *Interm.*, *Obov.* et *Angl.*, la face supérieure du Pétiole et ses bords portent des aspérités ou tubercules qui sont des rudimens de cils et des rudimens de ces poils qui, dans *Rotund.*, couvrent la face supérieure du Pétiole.

Tantôt toutes les Feuilles de la même rosette, longues ou courtes, ont une longueur sensiblement égale, tantôt très-inégale : ce dernier cas est ordinaire dans les localités ou années sèches.

Chaque Wurzelkopf [1] émet 1-4 Scapes grêles ou valides,

[1] Ce mot serait bon à naturaliser dans notre langue.

verdâtres ou rouges (on a fait Caractère de cela), cylindriques régulièrement ou très-irrégulièrement, comprimés régulièrement ou très-irrégulièrement, portant, à la loupe, plus ou moins d'aspérités (encore de cela). *Interm.* : le Scape fait à la base un crochet plus ou moins profond ; assez souvent la courbure n'est pas très-forte, mais toujours elle est indiquée. Au commencement de la floraison, le Scape est de la longueur des Feuilles ; à la maturité, il est le double ou un peu plus : les grands ont 3"-3" 9 l., la Grappe ayant 9-21 l. et contenant 5-9 Fleurs. Deux Échant. du D[t] de la Manche ont 10 et 11 Fleurs. Un de Bitche a des Feuilles de 2", le Scape peu courbé 4" 9 l., la Grappe 2", 9-flore : cet Échant. ressemble tout-à-fait au *Longifolia* de l'English Botany, mais le limbe n'a que 6 l. de long et est moins large que dans la Figure. Un autre, de Bitche aussi, est tout-à-fait extraordinaire pour la gigantesquéité de sa Grappe : les Feuilles ont 16 l., le Scape 5" 4 l., la Grappe 3" 8 l., 12-flore (la Graine porte des tubercules saccharoïdes). M. Léo (de Metz), dont le désintéressement et l'obligeance sont sans bornes dès qu'il s'agit de l'avancement de la Science, comme peuvent en témoigner MM. Gay, Soyer, Hollandre, m'a concédé ces 2 derniers Échant. qu'il avait reçus de M. Schultz, Pharmacien à Bitche (Moselle), et Botaniste distingué. J'ai écrit à celui-ci pour lui demander des renseignemens sur sa Localité à Drosera, *et je joignis à ma lettre un calque* de l'Échant. à grappe géante : il n'a pas jugé à propos de me répondre. Ce procédé m'a prodigieusement surpris, car j'ai demandé aussi des renseignemens aux Matadors de l'Allemagne, qui ont poussé la courtoisie jusqu'à me répondre courrier pour courrier. M. Schultz est Allemand, mais il paraît que la Mal-aria Française a déjà opéré sur lui. Les savans Français *se respectent*, ils ne répondent qu'à des gens *connus:* chez nous, on ne juge pas un homme sur ses idées, on l'attend *à l'œuvre*, autrement dit, on attend le jugement des autres avant de se hasarder à prononcer la louange; mais il faut par exemple leur rendre justice, ils condamnent facilement. On m'a dit que M. Schultz ne sait pas le Français, ou s'il le sait, qu'il le sait si peu que c'est comme s'il ne le savait pas du tout. L'excuse serait asssez valable : mais que diable, *un calque* est de toutes les langues, et M. Schultz n'avait pas grand effort d'imagination à faire pour trouver que je ne m'amuse pas à faire des calques pour les autres, et s'il ne veut ou ne peut pas me donner des renseignemens, il pouvait me renvoyer mon dessin : il se l'est approprié d'une manière par trop patriarchale. — Les 3 Autres ont le Scape dressé dès la base; quelquefois on en trouve d'un peu courbés, mais un œil habitué à l'observation reconnaît aisément là un accident, et cela n'ôte rien à la valeur de la Courbure comme Caractère dans l'*Interm.* On trouve souvent des Échant. d'*Angl.* et d'*Obov.* où le Scape avec sa Grappe ne dépasse pas les Feuilles, et il y a tant de variation dans les proportions relatives de ces 2 Organes, qu'on ne peut en faire un Caractère. Le plus grand *Anglica* que j'aie vu vient de St.-Léger, Scape 8", Grappe 1", 4-flore, Feuilles 3" : les plus grands de Morfontaine ont Scape 5 $\frac{1}{2}$ - 7", Grappe 1 $\frac{1}{2}$ - 2", 5-7-flore, Feuilles 15 l.-2" : ceux des Vosges en fruit mûr de 1833 ont Scape 4-6 $\frac{1}{2}$", Grappe 1-1 $\frac{1}{2}$", 6-flore, Feuilles 2-3" : ceux de 1828, en fleur, ont Scape 4-6 $\frac{1}{2}$", Grappe $\frac{1}{2}$-1$\frac{1}{2}$", 3-6-flore, Feuilles 3-3 $\frac{1}{2}$". — L'*Obovata,* s'il est rare à Morfontaine [1], y vient

[1] En 1833, une recherche minutieuse ne me fit trouver que 8 Échant.; en 1834, M. Decaisne eut la bonté de m'envoyer une boîte entière d'*Anglica*, parmi lesquels était un seul *Obov.;* enfin j'en ai vu un Échant. y cueilli par M. Ach. Richard.

par compensation plus grand qu'ailleurs ; les grands ont scape 6-9 ½", Grappe 1 ½-3 ½", 5-11-flore, Feuilles 1 ½-3" : aux Vosges en 1828, année très-pluvieuse, beaucoup de Scapes avaient 5-6", quoique la plante ne fût qu'en fleur : en 1833, année très-sèche, les Scapes en fruit très-mûr ont 4-5", la Grappe 12-16 l., 6-7-flore. — Les *Rotund.* que M. Fleurot m'a donnés de Seurre (Côte-d'Or) sont colossaux, Scape 9-10 ½", Grappe 2" 3 l.-2" 9 l., 13-15-flore, Feuilles 1 ½-2½" : ceux des Vosges, dans les tourbes grasses, ont Scape 7-8", Grappe 1-2", 7-9-flore, Feuilles 2" : ceux de Paris, Scape 4-6", Grappe 1-2", 7-12-flore, Feuilles 1-1 ½".

Les 4 Espèces présentent quelquefois des contournemens dans la partie nue du Scape : en S (*Interm.* de Morison), ou un Scape rectiligne du reste fait un anneau dans un point de sa longueur (*Obovatâ* de Bulliard), ou bien 1 ou 2 coudes.

La partie florigère du Scape ou Axe de la Grappe est ou rectiligne, ou flexueuse faiblement ou fortement. Très-souvent, dans *Interm.*, il y a de l'irrégularité dans la répartition des Fleurs, sans doute parceque certaines avortent, et alors l'axe pendant la floraison offre de bizarres inflexions à angle ; alors aussi il y a de l'irrégularité dans la longueur des pédicelles ; généralement, les inflexions bizarres se redressent pendant la maturation. — On trouve dans les 4 Espèces des Échant. biflores ; sur tous les uniflores que j'ai vus, il y avait la trace d'une Fleur tombée, et je doute qu'on en trouve de vraiment uniflores. — *Rotund.* a souvent une double Grappe, et ce qui est singulier, le phénomène est rare dans certains pays, les Vosges par exemple, l'Angleterre (Smith Eng. Bot. n'en parle que par ouï-dire), et à Paris, à Seurre, on trouve presqu'autant de Scapes bigrappes que de simples : tantôt, sur un Wurzelkopf, le premier Scape est bigrappe et le second unigrappe, tantôt c'est le contraire, tantôt enfin tous les Seapes sont bigrappes. Les Fleurs sont du côté intérieur ; tantôt il y a une Fleur au point de bifurcation, tantôt pas. — Dans les autres Espèces, j'ai trouvé aussi 2 Grappes, mais rarement ; dans celles-ci, le phénomène résulte assez souvent de la soudure manifeste de 2 Scapes : quelquefois la Grappe ne se divise qu'à une certaine hauteur, ou même tout près du sommet. J'ai rencontré à Bruyère un *Intermedia* curieusement monstrueux sous ce rapport, écoutez tous petits et grands : — 2 Scapes étant soudés par leur base dans une étendue de 3 l., cette portion s'élève tout droit, sans courbure ; là, l'un des Scapes, d'aspect ordinaire, fait le crochet propre à l'Espèce, n'en parlons plus ; le second, plus crasse, s'élève droit, et bientôt s'aplatit comme les tiges fasciées, puis se divise en 2 branches : l'une, cylindrique, porte une Grappe normale 5-flore ; l'autre, aplatie, reste indivise 3 l., et là se divise en 3 rameaux : le médian, épais, aplati, porte 2 fleurs ; les latéraux, grêles et cylindriques, portent 2 et 3 fleurs. Six lignes au-dessous de sa bifurcation florale, le Scape fascié présente une Bractée stérile longue de 3 l.—J'ai retrouvé plusieurs fois dans l'*Interm.* cette Bractée stérile à une distance considérable au-dessous de la Grappe.

Les Fleurs ne naissent pas à l'aisselle des Bractées, comme le disent tous les Auteurs qui ont parlé de ce dernier Organe : au contraire, les Bractées sont constamment opposées aux Fleurs ; mais souvent, au lieu d'être précisément vis-à-vis, elles sont plus haut ou plus bas : souvent il y en a moins, quelquefois plus que de Fleurs. Les 4 Espèces d'ailleurs sont *bractées,* quoiqu'on die. — Les Pédicelles ont ordinairement 1-2 l. A Morfontaine, j'ai trouvé *souvent* le Pédicelle infime de l'*Anglica* très-originalement élongé, 6, 10, et même 12 et 14 l., O altitudo !, celui d'ensuite n'a plus que 3 l., et les autres reprennent la longueur vulgaire.

J'ai toujours vu la Fleur blanche dans les 4 Espèces. Smith, qui paraît avoir travaillé beaucoup la question, donne, dans le Flora Britannica (1800), au *Rotund.* des fleurs blanches, sans colorier les Autres : dans le Texte de l'English Botany (1801), au même *Rotund.* des fleurs blanches ou rouges, sans dire la couleur des Autres ; dans ses Figures, il peint le *Rotund.* et son *Longifolia* à fleur blanche, l'*Anglica* à fleur rouge : dans l'English Flora (1828), le *Rotund.* est à fleur blanche, son *Longifolia* et l'*Anglica* à fleur rouge ou blanche. Rchb. et Mérat donnent à l'*Anglica* des fleurs rouges. — Comme les Fleurs de Drosera restent peu de temps ouvertes, j'ai très-peu observé le nombre des Pétales et des Étamines : suivant Smith, c'est toujours 5 dans le *Rotund.*, souvent 6 dans son *Longifolia*, et ordinairement, *sinôn toujours*, 8 dans l'*Anglica.*

Le Calice est 1-sépale, fendu quelquefois seulement aux $\frac{2}{3}$, ordinairement presque jusqu'à la base. — La fécondation opérée, les Stiles se redressent, s'agglutinent, et collant le sommet des pétales et des étamines à eux-mêmes et les uns aux autres, il en résulte une calotte fort solide. — Dans *Interm.*, la partie inférieure de la Capsule est obconique, presque asperme ; la supérieure est sphérique déprimée, très-large, ce qui déjette les segmens calicinaux en dehors et fait que la Capsule apparaît entre les pétales. Dans les 3 Autres, les Sépales se redressent, et se touchent dans toute leur étendue ; la calotte pétalaire intercepte complètement la vue de la Capsule. Dans *Anglica* et *Rotund.*, la partie inférieure de la Capsule est quelquefois rétrécie par avortement de graines, mais jamais il n'y a de démarcation entre les 2 parties. Dans *Obovata,* la Calotte arrive au niveau de l'extrémité supérieure des Sépales, de sorte qu'on croirait la Capsule plus longue qu'elle n'est réellement ; en disséquant, on voit que les Stiles sont moins refoulés que dans les Autres, et que la Capsule est moitié au moins plus courte que le Calice. — Les Capsules inférieures de l'*Anglica* sont à 4 Valves, les supérieures à 3 : il en est très-souvent de même chez les Autres, et sur nombre d'*Anglica*, j'ai vu toutes les Capsules à 3 : M. Mougeot a compté 5 Valves sur quelques *Anglica* et *Obovata*.

Il y a toujours autant de Stiles que de Valves; ces Stiles sont fendus en 2 Branches presque jusqu'à la base, et soudés entr'eux par cette base : on voit fort bien les 3 ou 4 sutures, mais elles ne déhiscent à aucune époque, et on enlève la couronne stilaire d'une seule pièce. — Quand il y a 4 Valves, *ou* on trouve 8 Stigmates bien séparés, *ou* le 4ᵉ Stile n'est fendu qu'incomplètement : si la soudure des 2 Branches de ce 4ᵉ Stile monte très-haut, il apparaît simplement émarginé, et même entier, si la soudure est complète. Une fleur d'*Obovata* avait 4 Stiles bipartis et un 5ᵉ simple, la Capsule 5 Valves. Sur quelques fleurs d'*Anglica* à 3 Stiles, 2 seulement étaient bien fendus, et le 3ᵉ incomplètement. — Le Stigmate (Branche du Stile) de l'*Interm.* est applati, linéaire; son extrémité, d'un rougeâtre vineux, porte une petite échancrure en V, ce que Rœmer-Schultes appellent *Stigmata dentata*. Le Stigmate des Autres est partout blanchâtre-hyalin, et renflé du bout (ce renflement a les 3 Dimensions Géométriques, longueur, largeur, épaisseur, tandis que le Stigmate d'*Interm.* n'a pour ainsi dire pas d'épaisseur) : capité dans *Rotund.*, il passe quelquefois à la forme olivaire, et même clavée; toujours clavé dans *Anglica;* clavé aussi dans Obovata, un Échant. avait les Stigmates obové-clavés. Cet Organe ne se voit facilement et bien que sur la Fleur épanouie : quand on veut dérouler avec une épingle ceux d'une Fleur fanée, comme ils sont très-irritables, ils se pelotonnent de plus en plus. Par l'humectation de la Plante sèche, il est très-difficile de les bien reconnaître : en étudiant ainsi l'*Obovata* avant de l'avoir observé vif, je crus voir chaque Stigmate émarginé, mais cette apparence était due à ce qu'ils s'étaient croisés. Si à cette cause d'erreur on ajoute l'existence fréquente d'un 4me Stile réellement émarginé par développement incomplet, on concevra comment Koch l'infaillible, qui n'a étudié la Plante que sèche, a pu lui faire des Stigmates émarginés comme ceux d'*Interm.* Schiede (Plant. hybr.) avait jugé impossible de les étudier sur le sec.

Une Valve, regardée à la loupe par sa paroi interne, paraît criblée de petits trous ; cette apparence vient de cellules arrondies qui font une petite saillie : *probablement* que là il y a une seule cellule et plusieurs dans les endroits opaques, ou plutôt il n'y a pas de cellules et seulement l'épiderme. — Le Placenta est demi-cylindrique applati, placé à la partie médiane de la Valve : le fameux Gœrtner, qui n'a pas toujours la rigoureuse exactitude qu'on lui attribue, dit les Graines attachées sur *toute* la Valve. Les Graines sont horizontales et non pendantes, hormis les infimes.

La structure des Graines a été clairement dessinée par Hayne, qui nomme *Arille* [1] le Test lâche, et *Défaut d'Arille* le Test appliqué. Gœrtner avait déjà figuré ce double mode, mais il croyait que les Graines à Test lâche sont le premier stade des Graines à Test appliqué ; et chose remarquable ! déjà Blackwell, dans sa figure du *Rotund.*, donne des Graines de 2 formes, ovale et linéaire, sans doute par la même confusion. Pour bien voir les deux structures (cette étude a fait peur au Grand Fries, ce Colosse de la Cryptogamie : « Semina » dit-il, Novitiæ p. 82 « ex Hayne arillata » et p. 84 « ex Hayne haud arillata. »), il faut prendre les Graines parvenues à leur grosseur, mais transparentes encore et blanchâtres ; elles deviennent ensuite brunâ-

[1] Il n'est peut-être cependant pas tout-à-fait prouvé que ce n'est pas une arille : en tout cas, Hayne a tort de refuser l'organe à *Interm.*

6

tres, brunes, enfin noires : alors on peut voir encore si le Test est tuberculeux ou celluleux, mais on ne voit plus la proportion du Test au Nucleus. Dans *Interm.*, le Tegmen est presque toujours surmonté d'un petit Mucre : le Test est entièrement composé de Tubercules saccharoïdes noirs ou plus souvent grisâtres, assez gros (relativement à l'exiguité de la Graine), plus gros au niveau du Mucre, de manière à rendre la Graine exactement ovale-elliptique. Hayne figure mucronés le Tegmen des *Rotund.* et *Anglica*, j'ai reculé moi-même devant la vérification du Fait, parce que le Nucleus de ces Espèces est plus petit que celui de l'*Interm.*, quoique la Graine soit plus longue..... et devant l'examen des Cotylédons encore bien plus : je me suis laissé dire qu'ils étaient tronqués, épais, à la base de l'Albumen. J'ai pu bien observer le Test des *Rotund.* et *Anglica* et sa proportion au Nucleus, parce que la graine était transparente : n'ayant observé celles d'*Obovata* qu'à leur état d'opacité, j'ai fort bien reconnu que le Test est celluleux et identique au Test de l'*Anglica*, mais je n'ai pu déterminer sa proportion au Nucleus, ce qui m'a vexé, car j'observais avec le Microscope Amici de M. de Haldat, bien excellent homme et Physicien assez distingué, quoiqu'Académicien de notre village. Ceci soit dit pour me ménager une transition à ce qui suit.

Physiologie. Depuis la fondation de la Botanique, les Auteurs vont répétant que les Sétules de la Feuille sécrètent un liquide âcre, très-âcre, et pourtant c'est un mucilage pur et simple, un doux et inoffensif mucilage qui n'offre pas au goût la moindre trace d'âcreté. On raconte aussi que les mouches sont gobées au passage par la contractilité des Feuilles, où elles périssent empoisonnées, corrodées, ce qui est très-dramatique. Le Fait originaire est vrai, ce qui m'a étonné ; on trouve les Feuilles fanées roulées sur leur face supérieure, et là, presque toujours, un petit insecte trépassé. Mais les Feuilles ne sont pas irritables. J'ai fait souvent l'expérience par un beau soleil, circonstance recommandée; j'ai remué les glandes avec une pointe et avec le doigt, j'ai piqué et déchiré les Feuilles, et jamais elles n'ont manifesté la moindre sensibilité. Mais pourquoi tant d'insectes....? Un petit instant: donnez-vous la peine de vous asseoir et écoutez-moi. La face supérieure du Limbe est couverte de Sétules terminées par une Glande, et cette Glande est continuellement enveloppée d'une couche d'un mucilage assez tenace. Si, sur une Feuille bien épanouie, on applique le doigt et qu'ensuite on l'éloigne, on produit autant de fils mucilagineux qu'il y a de Glandes: ces fils restent bien séparés, mais en remuant le doigt, on les agglutine les uns aux autres, et ils ne se quittent plus. Si on saisit un Limbe entre le pouce et l'index par sa face inférieure, et qu'on en rapproche les 2 extrémités, les Glandes s'agglutinent, et la Feuille conserve la position qu'on vient de lui donner: d'ailleurs, en se fanant, le limbe se roule de lui-même sur sa face supérieure. Quand donc un insecte vient se repaître du liquide gommeux, il commence par s'attacher aux pattes, aux ailes et au corps un certain nombre de Glandes; en se débattant, il s'attache à lui-même un plus grand nombre encore de Glandes et il les colle les unes aux autres: le mucilage obture les pores respiratoires de la bête, qui périt asphyxiée, et la Feuille en se fanant s'involute et lui construit un petit cercueil. Cette explication du Phénomène est infiniment moins poétique que la première, aussi me semble-t-elle plus vraie.

Je joins-ci 2 Tableaux de mesurage rigoureux: dans le 1er, on verra les dimensions du Limbe en longueur et en largeur, et la proportion du Limbe à la Feuille entière, le tout pris sur les plus grandes Feuilles; dans le 2e, sont notées la hauteur du

Scape, la longueur de la Grappe, le nombre des Fleurs, et la proportion du Scape aux Feuilles, le tout pris sur les plus grands Echantillons. Ces 2 Tableaux ont pour but d'apprendre quelque chose d'abord, et ensuite de montrer que les dimensions en chiffre n'ont rien de constant.

1er TABLEAU.

OBOV. DE PARIS.

LIMBE. Longueur en lignes.	LIMBE. Largeur en lignes.	FEUILLE. En lignes (ordinairement).
5 —	2 ½ —	8.
6 —	2 —	16.
6 —	3 —	10-15.
7 —	2 —	2".
8 —	2 —	20.
9 —	2 —	27.
9 —	4 —	20.
9 —	3 —	3".
9 —	3 ¼ —	21.
10 —	4 —	3".

OBOV. DES VOSGES.

Longueur	Largeur	Feuille
3 ½ —	2 —	18.
5 —	1 ¾ —	18.
6 —	2 —	21.
6 ½ —	2 —	2".
6 ½ —	2 ½ —	—
7 —	1 ¾ —	22.
7 —	2 ½ —	2½".
7 —	3 —	2".
8 —	2 ½ —	3".
8 —	3 —	2-3".
10 —	3 —	3".
11 —	3 —	33.
11 —	3-4	3".

OBOV. DU TYROL.

LIMBE. Longueur en lignes.	LIMBE. Largeur en lignes.	FFUILLE. En lignes (ordinairement).
13 —	3 —	3½".

ANGL. DE MORFONTAINE.

Longueur	Largeur	Feuille
3 —	Toutes : 1 ¼.	7.
4 —		1".
5 —		15.
6 —		2½".
6 ½ —		22.
7 —		2".
7 —		27.
7 —		18.
8 —		24, 26 et 29.
8 ½ —		28.

ANGL. DE ST.-LÉGER.

Longueur	Largeur	Feuille
12 —	1 ½ —	3".

ANGL. DES VOSGES.

Longueur	Largeur	Feuille
7 —	Toutes : 2.	2".
9 —		2-3½".
10 —		2½".
10 —		3"-3" 3 l.
11 —		3".
12 —		3" 3 l.
12 —	1 ½ —	3½".

2e TABLEAU.

ROTUNDIF.

		Scape.	Grappe.	Fleurs.	Feuille.
Côte-d'Or	Fr. presq. mûr	10½"	2½"	15	2½"
—	—	9½"	2"9'''	13	1½-2"
—	—	9"	2"3'''	13	2"3'''
Vosges	—	8"	2"	9	2"
Paris	—	6"	2"	12	1½"
Manche	Fr. mûr.	3"	11'''	7	1"3'''

ANGLICA.

		Scape.	Grappe.	Fleurs.	Feuille.
St.-Léger	Fr. mûr	8"	1"	4	3"
Morfont.	—	7"3'''	2"	7	2"
—	—	7"3'''	1"8'''	6	2"3'''
—	—	6½"	2"4'''	6	1½"
—	—	6"5'''	1"9'''	5	1"9'''
—	—	6"4'''	1½"	5	1"3'''
Vosges.	—	6½"	1½"	6	2-3"
—	—	5"	1"3'''	6	2-3"
—	—	4"3'''	1"2'''	6	2"
—	Fleur	6½"	1½"	6	3"
—	—	6"	1"	6	3½"
—	—	5"	½"	3	3½"
—	—	5"	½"	...	3"3'''
—	—	4"9'''	½"	...	3½"
—	—	4"9'''	½"	...	3"
—	—	4½"	1"	5	3"
—	—	4½"	½"	...	3"
—	—	4"	7'''	5	2½"
—	—	4"	½"	5	2½"
—	—	3"	3'''	3	2"
—	—	2"9'''	4'''	3	2"

2e TABLEAU. (Suite.)

OBOVATA.

		Scape.	Grappe.	Fleurs.	Feuille.
Morfont.	Fr. mûr	9½"	3½"	11	1½-2"
—	—	7"	2"	7	2-3"
—	—	7"	2½"	9	1"9'''
—	—	6"	1½"	5	2"
Vosges. 1828.	Fleur	6"	1"	...	2½"
—	—	5"	½"	5	2-3"
—	—	5"	4'''	...	3"
— 1833.	Fr. mûr	4"11'''	1"1'''	6	1½-2"
—	—	4"9'''	1"4'''	7	1½-2"
—	—	4"7'''	1"1'''	7	1½-2"
—	—	3"10'''	1"	6	...
—	—	3"10"	½"	...	1-2"
Genève	Fleur	4"10'''	½"	5	2½"

INTERMEDIA.

		Scape.	Grappe.	Fleurs.	Feuille.
Bitche	Fr. mûr	5"4'''	5"8'''	12	1"4'''
—	—	4"9'''	2"	9	2"
Manche	Fr. commenç.	3"9'''	1"0'''	10	2"
—	—	3"	1"10'''	11	2"
St.-Léger.	Fr. mûr	3"9'''	1½"	9	2"
—	—	3"9'''	1½"	8	Maximum : 15-18''', qqf. 2"
—	—	3"8'''	1"8'''	9	
—	—	3½"	1"9'''		
—	—	3½"	1"4'''	7	
—	—	3"3'''	1"	6	
—	—	3"	9'''	5	
—	—	2½"	8'''	...	1"10'''
—	—	2"2'''	7'''	3	9'''
—	—	1"	...	...	11'''

Synonymie. Les gâchis synonimiques les plus fangeux sont de l'eau potable auprès du cloaque où on a fait barbotter le *Ros solis folio oblongo* du Pinax ou *ou* et *D. longifolia* de Linné. Il était déjà impossible souvent d'appliquer les Synonimes des Auteurs quand on n'avait qu'à choisir entre l'*Interm.* et l'*Anglica :* aujourd'hui que l'*Obovata* vient se surajouter à la complication, c'est plus qu'impossible ; aussi ai-je fait, pour tirer à clair tout ce qu'il y avait de clarifiable, des efforts dont la postérité et même les contemporains doivent me tenir compte. Donc, appuyé sur ce préambule sans prétention, je commence ma stratégie synonimique. — Dans la marche indiquée par la logique, il fallait rechercher d'abord ce qu'est le *Ros solis f. oblongo* CB. Or, sans remonter à la bibliographie antédiluvienne ou préadamique, commençons à Thalius, dont le *Salsirora f. oblongo* t. 9 fig. dextra est un *Obovata* à petites feuilles. Le *Ros solis f. oblongo* JB. fig. sinistra est une copie retournée de Thalius, ce que j'ai vu clairement en calquant cette dernière sur papier végétal et la plaçant à l'envers auprès de celle du Grand Jean. Le *Ros solis f. oblongo* du Pinax, conservé dans l'herbier de Caspard, est d'après Hagenbach Fl. Basil. un Anglica venant d'Angleterre. Hagenbach est certes un excellent Botaniste, mais comme, à la publication du Flora Basileensis, on ne connaissait pas encore l'*Obovata*, il n'y a pas certitude complète. Pour avoir là-dessus le dernier mot, qu'est-ce que je fais ? je ne fais ni une ni deux, audacieux et fluet j'écris d'emblée à Hagenbach pour le prier d'inspecter de nouveau l'herbier Bauhinien ; cet obligeant Confrère s'empressa d'obtempérer à mon désir, mais qué chien de tour, le Conservateur de l'herbier était parti pour tout l'été et avait enfermé la clef dans un papier cacheté avec un veto sur l'adresse. Je fus vexé. Passons au déluge. Qu'est-ce que le *D. longifolia L.* ou *D. f. oblongis Fl. Lapp.* n. 110 ? Je ne veux pas vous faire languir, c'est l'*Anglica*, ex autopsia, et voici comme : M. Delessert possède un carton donné à Burmann par Linné lui-même à son voyage en Hollande. Le carton porte sur le dos, comme un membre de la légion d'honneur sa croix d'honneur à la boutonnière : « Plantæ Lapponicæ ab ipso Linnæo collectæ » ; les plantes y sont rangées d'après les N. du Fl. Lapp. L'Échant. en question est étiqueté par Linné : « 110. Ros solis f. oblongo P. CB. » et Burmann a ajouté : « D. f. oblongis Fl. Lapp. Ros solis f. oblongo CB. P. ». Dans la Fl. Lapp., Linné ne cite qu'une Figure, la Figure 10 de Tillands, que je ne connais pas plus que chien vert : dans la Fl. Suec., il cite en outre celle de Thalius et la fig. 811 des Icon. de Lobel, laquelle est une détestable Figure quelconque copiée du Krœuterbuch de Tabernæmontanus. On sait Croix-Dieu bien d'ailleurs que les Figures citées ne tirent pas dans Linné à conséquence : Linné n'allait pas chercher le poil sous le cuir ou la cinquième patte d'un mouton ; pour faire un bon gibier de citation, il suffisait que la Figure eût l'air de ressembler à quelque chose qui pût donner l'ombre d'une idée quelconque de la Plante ; quant aux Synonymes, il les faisait ramasser par un homme-de-peine ; aussi n'y en a-t-il guère dans le Fl. Lapponica. Je dois dire cependant que Linné paraît avoir omis à dessein les Figures à scape courbé. Enfin une chose plus importante que les Figures, c'est la cédule : « Specie a priori vix sufficienter differt, omnia enim conveniunt, exceptâ foliorum figurâ » : cela exclut l'*Interm.* Le Grand Fries m'a volé cette idée, car je la retrouve en toutes lettres dans les Novitiæ.

Smith affirme positivement que Linné n'a pas connu ou n'a pas signalé l'*Anglica* (Linnœus has not noticed this species), et d'après Smith encore, le *Longif.* de l'herb. Linnéen serait semblable à la t. 867 de l'Eng. Bot., c'est-à-dire l'*Obovata*, ou peut-être l'*Interm.* Il serait assurément possible que Linné eût donné un Anglica à Burmann, et eût un *Obov.* ou un *Interm.* dans son herbier. Mais Smith n'est pas un juge en dernier ressort sans appel ni grâce, Smith paraît souvent avoir examiné l'herbier de Linné fort légèrement. Ça n'est pas possible, va-t-on me hurler. Pas possible tant qu'il vous plaira, je ne sais pas si c'est impossible, mais je donnerais mon prépuce à couper que cela est. C'est que Linné avait un bien grand tort aux yeux de Smith, le tort de ne pas être Anglais : or il est bon de savoir que les Anglais ne s'occupent sérieusement que des Synonymes Anglais, Anglais de la vieille Angleterre ; ils n'étudient soigneusement que les plantes de leur nation. Exemple. Smith, qui confondait l'*Interm.* et l'*Obov.*, ne parle de la direction du scape dans aucune des éditions de sa Flore ; dans l'English Botany, il mentionne ce Caractère pour le condamner : eh bien, tous les Floristes qui sont venus après lui n'en soufflent mot, par patriotisme, même Hooker, qui pourtant connaissait foncièrement l'*Interm.*, car il décrit bien la graine. Chez eux, pas de Synonymes Continentaux : la loi de priorité n'est admise que par rapport à l'Angleterre ; les plantes gardent éternellement le nom qu'elles ont porté dans la première Flore Anglaise où elles ont été admises ; l'*Epilobium origanifolium Lam.* (1786) s'appellera *Alsinefolium Villars* (1789) tant qu'il y aura des Anglais pour faire des Flores d'Angleterre. C'est une belle chose que le patriotisme! Eeeh dzinn dzinn dzinn, eeeh baound baound baound. — La t. 867 est une excellente Figure de l'*Obovata* tel qu'il vient aux Vosges dans les années sèches ; les 2 Scapes latéraux sont un peu courbés à la base, mais ne forment pas le crochet caractéristique de l'*Interm.*, et le scape du milieu est dressé comme un I. Je pense que Smith a vu et confondu l'*Obov.* et l'*Interm.*; voilà pourquoi il dit dans l'Eng. Bot. que ce Caractère est variable, et pourquoi il n'en fait pas usage dans ses

Flores. Son *Longifolia* « a le port du *Rotund.* », dit-il Fl. Brit., « il est un peu plus grand et plus fort que le *Rotund.* » : cela ne peut évidemment s'appliquer qu'à l'*Obov.* Ceci encore : « le meilleur Caractère de l'*Angl.* est dans ses feuilles allongées et presque linéaires, que nous n'avons pas vu varier. Notre opinion est confirmée par les observations de M. Forby qui trouve l'*Angl.* et le *Longif.* dans la même station et même entre-mêlés, et leur voit conserver constamment leur différence de feuilles ». Encore cette phrase de l'English Flora 1828: « cependant ayant eu quelques occasions d'examiner ces 2 plantes [*Angl.* et *Longif.*], je doute de plus en plus qu'elles se maintiennent toujours distinctes. »

Les Synonymes de Wahlenberg se rattachant intimement aux plantes Linnéennes, j'ai cru devoir les éplucher. Dans le *Flora Upsaliensis* (1820), il donne à son *Longifolia* des stigmates clavés, et la seule localité précisée est le marais de Witulfsberg. Fries, qui a reçu de Wahlenberg des Echant. Witulfsbergiens, dit que ce sont des *Interm.* à scape dressé. Voilà l'Obovata clairement prouvé, j'espère : stigmate clavé, limbe élargi du bout, scape dressé ; il n'y a pas un Synonyme plus certain dans toute la Synonymie. Dans la *Fl. Suecica* (1826), Wahlenberg pour sa Variété α cite la t. 1095 du Flora Danica, laquelle est un gigantesque *Anglica ;* cette Variété α ne peut donc être l'*Interm.* : pour sa Variété « β major, foliis magis elongatis », il cite la t. 869 de l'Eng. Botany, qui est aussi un *Anglica :* mais, chose stupéfiante, dans les 2 Figures, le scape a exactement la même hauteur, les feuilles ont exactement les mêmes dimensions en longueur et en largeur. On ne peut donc pas, d'après les Figures citées, savoir quelle différence Wahlenberg fait entre ses 2 Variétés. Mais sans nous amuser aux bagatelles de la porte, poussons notre pointe, et vous verrez ce que peut un homme sagace. Wahlenberg dit de sa Var. β : « Folia sœpe palmam longa et tamen lineas 2 lata », c'est bien l'*Anglica*. Il ne décrit pas sa Var. α, mais puisque la Var. β a les feuilles « larges seulement de 2 lignes », il est clair comme le jour, et plus encore s'il est possible, que la Var. α les a plus larges. C'est donc encore l'Obovata. On va me demander à présent comment il se fait que l'*Interm.*, qui est commun en Suède au rapport du Grand Fries, est absent des 2 Flores de Wahlenberg. Pour le coup, ce n'est plus mon affaire, les héritiers Wahlenberg s'en tireront comme ils pourront. Quant au *Flora Lapponica* de Wahlenberg, j'ai négligé d'en copier l'Article Drosera quand j'étais à Paris, et n'en pouvant rien dire de bon, et même rien absolument du tout, je serai muet comme poisson sur cet ouvrage.

Je ne veux pas quitter la matière sans dire un petit mot sur les Synonymes du Parisien Vaillant et du Caennais Tournefort, car enfin, tout le monde n'a pas l'avantage d'avoir approfondi les Synonymes de Tournefort et de Vaillant. Vaillant, en son herbier, conservé au Muséum de Paris, en face la Laiterie, applique ainsi les Synonymes de Tournefort : « *Ros solis f. oblongo* » à l'*Interm.*, et « *Ros solis f. oblongo maximus* » à l'*Anglica*. Eh bien, Vaillant s'est blousé, car j'imagine, personne ne connaissait les Synonymes de Tournefort aussi bien que Tournefort lui-même. Or, dans l'herbier de Tournefort, (en face la Laiterie également), il n'y a qu'un Drosera, l'*Anglica*, et il porte la cédule « *Ros solis f. oblongo* » oblongo tout bêtement : c'est un *Anglica* des tourbes maigres, Caennais comme son maître ; sans doute le *Ros solis f. oblongo maximus* eût été un *Anglica* des tourbes grasses.

Assez causé de Synonymie, j'en ai plein le dos, et mon lecteur aussi, probablement : d'autant plus que le lecteur n'est pas doux envers un auteur débutant. L'homme aime d'admirer en sûreté de conscience ; quand par exemple il a cherché et trouvé la signature de Decandolle ou de Rob. Brown sur le Frontispice ou à la queue de la Préface, il applaudit sans arrière-pensée : mais quand il a affaire à un nom qui n'en est pas un, « Hussenot, qué q'c'est qu'ça », il ne sait jamais si il doit tirer ses battoires de sa poche ou sa clef forée de son gousset, cela le tourmente pendant sa lecture. Et si on lui demande ce qu'il pense du livre, il fait semblant de ne pas l'avoir lu. Dans son for intérieur, si le livre donne de grands détails, il pense que c'est minutieux, si le livre en donne peu, il trouve que c'est sec : si les Faits sont contraires à ceux précédemment observés, il les juge faux, s'ils sont conformes, le livre est inutile.

Avis. Cet Article, qui peut-être sera trouvé pauvre, est cependant celui qui m'a le plus coûté : la manière dont je voulais le manipuler me fesait tellement peur que je suis resté plusieurs mois les bras croisés, entendant retentir sans cesse à mon oreille comme un glas funèbre «*pendent opera inter-rupta*». Cela a retardé pyramidalement la publication de ma brioche, je veux dire de mon livre, car tout le reste est depuis longtemps imprimé. Sans parler de mes études sur le vif en 1833 et 34, je conserve dans mon herbier plus de 500 échant., et pour chaque organe, pour chaque détail de chaque organe, j'ai examiné à plusieurs reprises mes 500 échant. un à un, souvent à la loupe ; j'en ai mesuré un grand nombre au Pied-de-roi, avec un soin minutieux. Je le dis en vérité, c'est un travail de galérien : plusieurs fois j'ai passé 36 et 48 heures sans fermer l'œil (parturiunt montes). — On va s'étonner de mes 500 échant. pour 4 Espèces ; et même, comme on ne se gêne pas avec un *jeune-homme* comme moi, me rire au nez. Je laisse faire, ne pouvant l'empêcher, mais je ne consens pas.

Les herbiers, tels qu'on les a faits jusqu'ici, ne sont que des meubles de parade; veut-on faire un travail consciencieux, on n'y trouve pas de matériaux suffisans, et il faut attendre l'été pour observer les divers états des Plantes. Un herbier comme je le conçois et comme je travaille à composer le mien, c'est la nature même, complète; je veux avoir de chaque plante un champ desséché : comment s'assurer de la valeur d'un caractère, si on ne peut pas le suivre sur une centaine d'exemplaires ? Si je parviens à faire prévaloir mes idées sur cet objet, j'aurai préparé une grande révolution dans la Science, et dès aujourd'hui, mes admirateurs peuvent me dire comme à l'Éternel : « renovabis faciem terræ ».

J'ai eu, à propos de ces Drosera maudits que je donne au Diable, car ils ne me feront jamais autant de bien dans l'avenir qu'ils m'ont fait de mal dans le passé, j'ai eu, dis-je, une altercation avec M. Achille Richard, qui a eu pour moi les suites les plus funestes : j'avais l'immense tort d'avoir raison trop tôt (1829), et trop jeune, surtout. M. Richard m'a fait passer pour un présomptueux outrecuidant. En outre (un malheur ne vient jamais seul) M. Richard avait une servante imbécile, vraie servante de province, qui m'a fait entrer dans un moment incongru. Alors M. Richard s'est imaginé et a crié sur les toits que je forçais les consignes, que j'allais prendre les gens au lit ou quand ils se savonnent la barbe, etc. On conçoit qu'avec une réputation pareille, je n'aie pas été très-bien reçu par les Parisiens, gens d'étiquette s'il en fut : ils m'ont fait des mines de chien. Et ce fut très-fâcheux, car tous ces Messieurs, à qui j'avais été recommandé, m'avaient accueilli très-cordialement. Rabroué partout, je me décourageai, et cessai mes études Botaniques. De sorte que j'ai perdu 5 ans passés à Paris, les 5 plus belles années de ma jeunesse, quand j'aurais dû avoir toutes les sources d'instruction ouvertes à mon service. Et cela parceque le *D. Obovata* n'était pas dans la Flore Française... ah! M. Decandolle, pourquoi avez-vous oublié cette Espèce?

Mais bah! pourquoi raconter la chose si en douceur! jamais M. Richard ne me voudra du bien. Il a la mémoire longue M. Richard, car en 1834, il a encore parlé de moi au jeune Mougeot, encore à propos de cette vieille affaire. Puisque donc ce Professeur persiste à m'honorer de son inimitié, je vais faire jouir mes Lecteurs des détails de l'aventure, que j'avais arrangée en :

ANECDOTE.

« Toute vérité n'est pas bonne à dire » est un Proverbe trop classique; il serait peut-être bon de le modifier ainsi: « Aucune vérité n'est bonne à dire ». Je le prouve. A mon arrivée à Paris, j'avais une lettre de recommandation (de Soyer, je crois) pour M. Achille Richard, dont la bonté pour les *jeunes-gens* est si catholiquement, universellement connue, que le bruit s'en est propagé suivant tous les rayons de la Rose des Vents. Ce Professeur m'ayant fait la question de politesse obligée, à savoir demandé *ce que j'avais trouvé d'intéressant*, je lui citai le *D. anglica*, que je venais de découvrir au Lac de Lispach. « Nous l'avons trouvé aussi à Paris », me dit-il d'un air bon-enfant, *bondadoso* en Castillan. Les Commençans qui ont entendu dire dans leur bicoque qu'une plante est rare ne peuvent se figurer qu'elle vienne ailleurs: je témoignai donc le désir d'inspecter le végétal en personne. Ce doute choqua d'abord M. Richard, inaccoutumé, à ce qu'il paraît, au franc-parler juvénil, *desuctus juvenilis arrogantiæ;* cependant, pour me convaincre et me coudre la bouche, me faire monter au front le rouge de la vergogne, m'apprendre à vivre dans le beau monde et à me comporter décemment dans la vénérable présence d'un Professeur, *venerabilis barba Capucinorum*, il alla quérir son Drosera. Il aurait bien mieux valu pour moi que les choses se passassent selon son désir, je serais convenu que j'avais tort, et tout eût été dit. Mais par malheur ce qui devait me fermer la bouche me l'ouvrit toute grande, *hiantem ;* l'objet qui devait me rendre pénaud fit épanouir sur ma face la satisfaction de l'amour-propre qui triomphe, car malheureusement mes prévisions se trouvaient, par un grand hasard à coup sûr, mais enfin se trouvaient justes; M. Richard m'apportait un seul Échant., lequel n'était pas un *Anglica*, mais bien un *Obovata.* Moi qui, dans ma candeur de jeune-homme et mon zèle fanatique pour la Science, croyais que tout homme aime toujours à s'instruire et reçoit joyeusement la lumière d'où qu'elle vienne, je m'écrie radieux de naïveté: « Ah-ah! j'avais raison de douter; cette plante n'est pas l'*Anglica*, mais bien l'*Intermedia scapo erecto*, Variété non décrite que j'ai cueillie dans les Vosges » : et me voilà employant toute la ludicité d'expression, toutes les grâces d'élocution qu'a pu me départir Dame Nature à décrire les 2 Variétés de l'*Intermedia* et à les différencier de l'*Anglica.* On imagine facilement que je ne convainquis pas un si savant Professeur : allez donc conter à M. le Professeur Richard qu'un cadet de mon encolure a trouvé quelque chose de nouveau sur quoi lui M. Richard a passé sans rien voir que du feu, allez lui conter cela au Professeur. C'était bien crier au bon vinaigre, ma foi! moi, jeune-homme, enfant qui vient au monde, herboriseur de 2 ans, vouloir en remontrer à.... « Ah Monsieur... Comment donc, Monsieur... Mais vous plaisantez donc, jeune-homme », et maints autres argumens de même farine de pleuvoir sur mon chétif individu.—J'en voudrai toujours à la Providence d'avoir logé une âme ardente et enthousiaste comme la mienne dans un corps si mince, et d'avoir fait ma voix si grêle, de si peu de retentissement. On ne se figure pas la masse de désagrémens que m'a valu mon peu d'apparence. Si je voyage avec un camarade mieux bâti, on me prend pour son domestique; vais-je fourrer mon nez dans une conversation, on regarde et voyant que ce n'est que moi, on ne répond pas; le prolétaire ou voyou m'appelle « *son petit ami* »; la coureuse des soirs me dit: « Viens donc, mon petit lapin »; si nous sommes 20 honnêtes gens et que là se trouve un soûlard déterminé à embêter quelqu'un, il flaire à droite et à gauche jusqu'à ce qu'il me tombe sur le dos pour ne pas me lâcher; si à des paysans rassemblés un jour de dimanche la lubie vient de huer quelqu'un, c'est tout de suite moi: bref, il serait beaucoup trop long de vouloir tout dire. Vive-Dieu! je donnerais mon Diplôme de Docteur et mon habit noir pour être bel homme, et pour avoir une de ces voix graves, dignes, nobles, qui prêtent du relief aux apophthegmes les plus plats, les plus insignifians et les plus rebattus. Dans le cas actuel particulièrement, le contraste qui jurait entre mon apparence individuelle et l'audace de mes opinions me fut tout-à-fait nuisible, je dis plus, pernicieux. Car M. Richard trouva ventre-bleu bien d'autres griefs encore contre moi, à quoi certes il n'eût pas songé si je m'étais trouvé propriétaire d'un physique plus majestueux. Mais ceci demande des développemens que je dois donner méthodiquement, car c'est toute une histoire... On va rrrire. — M. Richard était alors Conservateur de l'Herbier du Muséum (en face la Laiterie), et passait là une partie de sa journée, ce que j'ignorais, moi, en vrai badaud de province. Ayant remis ma lettre chez lui, j'y étais retourné plusieurs fois pour le voir, aux heures de visite convenables, 10 h., 11 h., midi, 1 heure: la fille me répondait bêtement « Il n'y est pas » : « A quelle heure y est-il donc », demandai-je enfin, « car je tiens beaucoup à le voir » : « Il faut venir le matin avant 7 heures », me répond la fille. Le lendemain, je me présente à 7 heures ; la fille me dit : « Je vais le prévenir, entrez dans son cabinet » : j'entre (qui diable ne serait pas entré, à moins d'être sorcier). Or il se trouva que par le plus grand des hasards, dans ce moment M. Richard se rasait : comment pouvais-je le savoir ? Ce n'était pas par seconde vue, — les seuls Écossais en sont doués, — ni par les journaux non plus, ils n'étaient pas encore distribués :— le bourdon de Notre-Dame ne s'ébranle pas quand M. Richard fait mousser son savon, — le canon des Invalides reste muet comme l'Académie de Nancy ou la Société Philomathique de Verdun, aphone comme la Société d'Émulation des Vosges ; — les Gardes-municipaux de vis-à-vis ne m'avaient pas même couché en joue, pas un Argousin n'était de planton dans l'antichambre. J'arrivais là avec une bonhomie Lorraine, aussi confiant que si M. Richard ne s'était jamais rasé de sa vie : et mal m'en advint. Faut-il pas que j'aie du guignon ? je n'en sais rien, moi, mais peut-être bien M. Richard ne se rase-t-il qu'une fois par semaine, — et la fatalité veut que j'arrive juste au moment : peut-être va-t-il être vexé, oublier une fraction de barbe, se couper le bout du nez ? On ne sait vraiment pas ce qui pouvait arriver. Le Fait est que M. Richard fut des plus mécontens de moi. J'appris bientôt qu'il avait dit à tous les Matadors de la Science : « J'ai reçu la visite d'un singulier original, un jeune-homme bien impertinent et bien indiscret : il vient chez moi à 7 heures du matin (*o tempora !*), on lui dit (quelle colle ! M. Richard) que je me rase ; peu lui importe, il force la consigne (*o mores !*) : après ça, nous parlons de Drosera, je lui dis que nous avons trouvé l'Anglica, il n'en veut rien croire, je le lui montre, il ose me soutenir mordicus que je me trompe : quand je suis arrivé dans mon cabinet, il fouillait dans mes papiers ». Pour le coup, M. Richard, c'est trop fort, vous voulez donc me faire passer pour un vampire? Ho mais, minute, — or je regardais tout bêtement une Planche d'un livre *étalé* sur le bureau. Je note pour mémoire que M. Richard m'a trouvé une prononciation affectée, et sur ce point unique il avait raison; j'étais si préoccupé des quolibets sur l'accent Lorrain, que je cherchais trop ostensiblement à les éviter. J'étais tombé de Scylla en Charybde... Que le Tonn. de D. emporte les filles mal dressées.

La partie pittoresque et amusante de ma narration étant parachevée, à présent nous allons parler raison, M. Richard. Savez-vous qu'en débitant des Faits aussi graves, des accusations aussi accablantes, sans preuve véritablement aucune, fondées sur des indices aussi légers, aussi fallacieux, savez-vous que vous avez assumé une terrible responsabilité? J'ignore si vous avez la conscience large, M. Richard, je ne vous ai pas jaugé; mais ce que je sais bien, c'est que si j'avais fait à un autre le mal que vous m'avez fait, j'aurais de cruels remords. Il s'agissait de l'avenir d'un homme, M. Richard, de la vie d'un homme. Examinez vous-même : devant vous un chétif adolescent, sans gloire, sans instruction, sans appui, mais qui peut-être n'a besoin que d'un appui pour conquérir l'instruction, pour arriver à la gloire, peut-être... Qui peut dire ce que deviendra un jeune-homme? Est-il bien sûr, M. Achille, que si vous n'aviez pas été le fils de Louis-Claude, vous seriez ce que vous êtes? Si vous n'aviez pas reçu les leçons de Louis-Claude, possédé les livres et l'herbier de Louis-Claude, si vous n'aviez pas été encouragé, aidé, protégé par les amis de Louis-Claude, êtes-vous bien sûr que vous seriez Professeur à la Faculté, Membre de l'Institut, que vous auriez fait tant de beaux travaux? Et vous, savant célèbre, au faîte de la considération et des honneurs, environné d'une estime méritée qui donne toute créance à vos paroles, vous tribunal sans grâce ni appel qui tenez en vos mains ma réputation (car qui diable m'aurait cru contre vous, alors?), vous, sans soupçonner qu'une servante peut être stupide, stupide comme un vieillard de Victor Hugo, sans vous douter qu'un jeune-homme peut avoir distingué une plante qui vous échappait, vous allez sans scrupule me diffamer près de tous les gens qui pouvaient me servir! Votre conduite a été d'une légèreté bien coupable : quand une parole peut faucher par la racine l'avenir d'un homme, il me semble qu'on ne doit pas la lâcher facilement. J'avais été recommandé aux premiers Botanistes de Paris, qui m'avaient très-bien accueilli; tous m'avaient promis leurs conseils et s'étaient engagés à me donner toutes facilités pour l'étude. Et quand vous leur avez eu parlé, M. Richard, tous me firent une si froide mine que je dus cesser de les voir; adieu les conseils, adieu les protections : j'abandonnai la Botanique. Vous m'avez fait perdre les cinq plus belles années de ma vie!, quand Paris m'offrait tant de sources d'instruction, perdues pour moi aujourd'hui que je suis claquemuré dans une bicoque. Qu'est-ce qui vous a donc indisposé contre moi? vous m'avez trouvé présomptueux : mais je ne me donnais pas des éloges en l'air, j'articulais très-clairement un Fait, je vous disais: « Voilà une plante nouvelle qui a les feuilles renflées du bout et le scape dressé »; c'était cependant bien facile à vérifier, mais vous ne l'avez pas voulu, vous avez décidé que vous connaissiez toutes les Espèces présentes et futures, vous avez prononcé d'avance que je ne pouvais pas avoir raison contre vous. Pour une galerie impartiale, de quel côté est l'orgueil, n'est-il pas bien plutôt du vôtre?... Car la question est jugée aujourd'hui, elle était même jugée quand je la plaidais; cette Espèce que je proposais en 1829, Koch l'avait faite en 1826, j'étais donc au niveau de la Science Allemande sans le savoir, en avant de la Science Française en le sachant. Quand on voit que je me suis perdu pour avoir eu raison trop tôt, cela ne fait-il pas gémir sur ce travers si largement répandu parmi l'humanité, le ridicule préjugé des âges? Je croyais, en vrai benêt de province, que pour donner bonne opinion de soi à un Professeur et l'engager à vous favoriser, le meilleur moyen était de lui montrer que, sur un sujet quelconque, minime ou vaste, on en sait plus que lui. Ma croyance était rationnelle; dans le meilleur des mondes possibles, un Professeur doit éconduire les médiocrités et donner tous ses soins aux jeunes-gens capables. Mais la fréquentation de la bête humaine, professante ou professée, fessante ou fessée, m'a démontré ma lourde méprise. Le Professeur dans ses leçons, l'homme riche dans ses faveurs, n'agit ma foi pas par philantropie, il s'en .... de la philantropie comme de l'an 40; l'orgueil est son seul mobile, il veut primer. Il n'aime pas à épauler le jeune-homme capable, qui instinctivement le dégoûte, qui même pourra l'éclipser dans la suite; loin de l'aider, il l'entrave : il aime au contraire voir autour de lui des médiocrités, là il est à son aise, toujours admiré, jamais contredit; son existence est une apothéose perpétuelle. Ah! jeunes-gens qui voulez faire votre chemin, j'ai un bon conseil à vous donner, loi physiologique qui m'a coûté cher à connaître : « Si vous avez de l'esprit, faites la bête ».

Malgré les conséquences désastreuses qu'ont eues pour moi les calomnies de M. Richard, je ne le considère pas moins comme un de nos meilleurs Botanistes, pleinement digne de la grande renommée et des honneurs qu'il a obtenus; je professe, je le répète, la plus haute estime pour M. Richard comme Botaniste. Mais je ne m'abuse cependant pas; le temps

de la charité chrétienne est passé, et le puissant ne pardonne jamais au faible ce qu'il s'est imaginé, même évidemment à tort, être une injure. Je compte bien rencontrer dans M. Richard une hostilité de première qualité, — quand toutefois je serai devenu digne de sa colère. Car à présent, « je puis bien vouloir offenser, mais je n'offense pas » ainsi que me l'a fait dire un autre Savant d'une franchise très-verte : si dans sa prison, où l'intolérance paraît vouloir lui assigner un domicile définitif, il me fait l'honneur de lire ma brochure, je puis lui assurer que je n'ai pas même eu l'intention de l'offenser, que j'ai toujours eu pour lui la plus profonde estime et la plus grande propension à l'amitié, et que si, à cette époque, j'avais essayé de lui donner un coup de patte, je n'aurais pas rentré mes griffes. Pour en revenir à M. Richard, jamais, j'en suis bien sûr, il ne m'enverra l'ombre d'un de ses Mémoires passés ou futurs, et si par la suite, grandi par quelque travail colossal, je m'avise de postuler l'Institut, c'est alors qu'il me paiera la monnaie de ma pièce : oui certes, c'est à l'Institut que M. Richard m'attend au demi-cercle.

XXV. *Vicia*. Voyez P. 46. le Préambule de cet Article, et les 2 1res pages. J'en étais resté aux Stipules, et je disais : « La partie fondamentale de la Stipule est une », je continue : Languette linéaire-conique, et dans le haut de la plante, où la fossette est plus large, ové-ou plutôt obové-acuminée. La Stipule est à cet état de simplicité dans le *Remrévillensis*, Espèce nouvelle que j'établis sur ce caractère. Dans les autres Espèces, à cette Languette est soudé un Appendice semicordé-hamé, lacinié : depuis le bas de la plante jusque le milieu au moins, il y a des Stipules appendiculées ; dans la partie supérieure, l'Appendice se simplifie ou disparaît même complètement. — Je crois (peut-être me trompé-je lourdement) être le premier qui ait aperçu cette composition de la Stipule : de qui que soit la découverte, le fait est très-important. En partant de cette base, on décrira et on comprendra mieux les différences que peut présenter la Stipule dans des Espèces d'ailleurs très-voisines. Les *Mélilots* diffèrent entr'eux sous ce rapport : dans tous ceux où les auteurs disent la Stipule *sétacée* ou *subulée* (Rchb. emploie ces 2 termes pour une forme tout-à-fait identique), elle est inappendiculée (*M. officinalis*, *arvensis*); dans ceux où ils la disent *dentée* (*M. dentata*), le terme est très-faux, voici ce qu'il y a : la Languette est accompagnée d'un Appendice lacinié en longues lanières dont quelques-unes sont presqu'égales en longueur à la Languette. Dans les autres Vesces, l'Appendice offre des formes très-curieuses.—En réfléchissant à cette structure compliquée de la Stipule, je me suis demandé quel rôle organographique jouaient les deux organes qui la composent. Y aurait-il deux sortes de Stipules? ce qui n'est guère dans les habitudes de la nature, ou bien l'Appendice ne serait-il pas la vraie Stipule, et la Languette, la paire inférieure des folioles métamorphosée? L'examen de l'*Orobus tuberosus* m'a presque démontré la justesse de la dernière supposition.

2. *V. angustifolia.* fleur 6-8 l. Calice 3-4 l., guère plus long que l'onglet de l'étendard, campanulé-tubuleux, implanté très-excentriquement par une faible partie de sa base, saché à la portion libre : lanières sétacées, à base plus large très-courte. *Fruit.* Calice recevant le légume sans se fendre, et le débordant par la portion sachée de sa base. Légume couvert dans sa jeunesse de très-petits poils dont il reste encore des traces à la maturité ; long 18-20 l. sur 2 de large, rectiligne (j'ai observé peu d'individus sous ce rapport), atténué paraboliquement à sa base l'espace d'1 l., aux dépens des deux bords. Graines 12-14 : sur le seul individu où elles fussent assez avancées pour qu'on pût juger de leur couleur, elles

étaient pourpre-noir, marquées de quelques points d'un noir pur perceptibles seulement à la loupe. Je ne sais quelle est la couleur du légume à maturité complète. — Tige et feuilles vertes subpubescentes. Feuilles à 4-5 paires. J'ai trouvé sur plusieurs individus toutes les feuilles à 4 paires ou toutes à 5. Fleurs solitaires, géminées ou ternées. — Hab. Nancy. Alsace. (Décrit sur 12 échant., 5 en légumes suffisamment avancés).

β. *V. Bobartii Forster?* Parmi des échant. de *Lathyroides* envoyés de la Nièvre par M. Boreau, se trouvait un petit *Angustifolia* en fleurs et fruit très-jeune : 3 tiges de 4", feuilles à 2 paires, puis à 3 paires de folioles linéaires, 2 feuilles offrent 7 folioles ; vrilles d'abord simples et longues 2 l., puis bifides et longues 6 l. L'aspect, sur le sec, est tout-à-fait celui du *Lathyroides*. — Ce qui me donna l'éveil, c'est que Decandolle fl. fr. suppl. attribue à ce Dernier des légumes glabres dès leur jeunesse. Je crus d'abord avoir trouvé *DC.* en défaut et voir un *Lathyroides* à légumes velus ; mais cependant, avant de prononcer condamnation, je voulus recommencer un examen en règle : alors la grandeur de la fleur, la forme et les dimensions du calice, son insertion excentrique et son sachet basilaire me le firent rapporter sûrement à l'*Angustifolia*. — Puis en feuilletant par hasard les *Addenda* de Rchb. fl. excurs., je connus l'existence d'un *V. Bobartii*; je vois bien dans la description : « Semences lisses » qui séparent la plante du *Lathyroides*, mais rien pour le distinguer de l'*Angustifolia*. Rchb. ajoute : « habitus du *Lathyroides* ». C'est d'après celà que je rapporte la plante de la Nièvre au *Bobartii*. Mais le *Bobartii* est-il une Espèce? si j'ai bien nommé l'échant., je suis porté à croire que non. — M. Boreau, auquel j'ai fait écrire au sujet de cette plante, nous a répondu qu'il l'avait toujours distinguée, et qu'il ne l'avait envoyée mêlée à d'autres que par mégarde : je ne mets pas la chose en doute, car ce savant Botaniste en est certainement très-capable.

Caractères communs aux plantes suivantes, qu'on peut regarder indifféremment comme des Espèces distinctes, ou bien comme des Races fixes sans passage ou Sous-espèces du *Sativa:*

Fleur longue de 9-10 l. Calice 6-7 l., beaucoup plus long que l'onglet de l'étendard, campanulé-tubuleux, implanté peu excentriquement par une portion assez considérable de sa base, portion libre non sachée: lanières conique-linéaires, planes, herbacées (sur un seul échant. je les ai vues à base ovale se rétrécissant brusquement en une cuspide de longueur égale à la base; les bases se touchaient : dans l'état habituel, elles laissent entr'elles un certain espace, mais bien moins considérable que dans l'*Angustifolia*).. *Fruit.* Calice fendu pour laisser passer la base du légume, qui est plus large que le calice. Légume rhomboidal (presque en carré long, les angles, au lieu de se couper à angle droit, se coupent aux $\frac{3}{4}$ d'un angle droit; bien entendu d'ailleurs que 2 de ces angles sont mousses), non atténué à sa base, le bord séminifère se courbe brusquement pour former à lui seul le côté inférieur de la figure, — inséré par l'extrémité inférieure du bord asperme. — Légume dressé, horizontal ou pendant (à maturité complète, et sur un même individu); rectiligne, ou très-légèrement courbé en S, ou bien la courbure du sommet est plus prononcée et alors le légume est dit *falqué.* Il n'y a pour ainsi dire pas d'échant. sur lequel on ne trouve toutes ces variations réunies : et cependant la plupart des auteurs se servent de la direction du légume comme caractère spécifique. (Il est probable qu'on ne peut compter sur le *légume falqué* pour reconnaître le *Leucosperma* de Mœnch). — Feuilles à 7-8 paires (excepté peut-être le *Melanocarpa*). — Graines 6-9, rarement 10 : elles offrent une variété de figure, et surtout de couleurs [illegible] ment étonnante, avec des passages si évidens, qu'on ne peut prendre ce caractère pour établir des Espèces. Je n'ai cependant pas trouvé dans chaque Espèce toutes les variétés de graine, mais il est probable qu'on les y trouvera par des recherches plus étendues.

Figure. 1°. Sphérique. 2°. Id. plus ou moins comprimé. 3°. Comprimé sublenticulaire : A. contour circulaire, B. contour carré à angles mousses α les 4 bords égaux β graine plus longue que large. 4°. Cubique.

Grosseur. 1 $\frac{1}{4}$, 1 $\frac{1}{2}$–2 $\frac{1}{2}$ l. de diamètre.

Couleur et Superficie. 1°. *Nitide*. A. carné (passages au gris et au vert). B. carné avec petites Taches d'un beau noir. C. carné, mais plus ou moins terni par des Ponctuations de couleur peu décidée, noirâtres ou roussâtres, rares ou très-nombreuses. D. *Nitide*, Fond vert, portant à la fois des Ponctuations peu décidées, des Points d'un beau noir et de petites Taches de cette dernière nature. E. (dans le *Melanocarpa* seulement) *Nitide*, d'un beau noir bien net, d'abord noir roux pas très-foncé, puis noir inégalement intense, puis uniformément : on dirait une couche de noir de fumée bien luisante et bien unie. — 2°. *Peinte-vêtue*, Indument (très-mince) d'aspect gommeux-byssoïde interceptant peu, beaucoup ou presqu'entièrement le Fond primitif. *Le Fond* est : A. vert sale, clair ou foncé ; B. vert rougeâtre ou roussâtre ; C. vert gris éclatant ; — couvert de Ponctuations noirâtres, de Points et petites Taches noires. *L'Indument* est constitué par une Substance fauve d'aspect gommeux répandue sur la graine sous forme de : 1°. Filamens très-rameux et flexueux, plus ou moins larges ; 2°. Bandes plus ou moins larges et longues, rares ou nombreuses ; 3°. Taches presque toujours assez larges, irrégulièrement circonscrites, quelquefois éparses, d'autres fois tellement confluentes qu'elles recouvrent presque toute la surface de la graine. C'est dans cette Substance que nichent de préférence les Points et les Taches noires. Cette Substance est ordinairement d'un beau fauve, quelquefois cependant d'un fauve si grisâtre qu'on la distingue à peine du Fond gris, et d'autres fois d'un fauve si foncé qu'il se rapproche du pourpre-noir. — On trouve des passages de la graine *nitide* à la graine *peinte-vêtue*, de sorte que toutes ces Variations se lient inséparablement les unes aux autres. Je dois dire cependant que je n'ai pas trouvé jusqu'ici de passage entre la graine *fuligineuse-nitide* et aucune forme des autres. — Voyant manifestement (quoiqu'avec une bien mauvaise loupe) que la Substance fauve et les Points noirâtres et noirs fesaient saillie sur le Fond et paraissaient surajoutés, la pensée me vint que cette singulière coloration pouvait être une Cryptogame dont les Filamens fauves seraient le Thallus, et le Noir la Fructification. Ayant communiqué cette idée à mon vénérable ami [1] le Dr. Mougeot, ce grand Cryptogamiste, sans prétendre résoudre définitivement la question, regarde ma conjecture comme plausible.

3. V. *sativa* (propriè dicta). Légume brunâtre, comprimé, large 3 ½ ou 3 ¼ l., long 1 ½ -2 ½". Stipules appendiculées.

A. *culta* Ht. V. *sativa* ou *sativa α* de tout le monde. Trapu, dressé, robuste, bas, 6-12", simple ou peu rameux, canescent, velu-cotonneux. Quelques feuilles inférieures à 4 paires de folioles ob-ové-cordées, longues 4 l. sur 3 ½, ou de proportions un peu moindres, puis 5-6 paires de folioles oblong-obovées, émarginées ou obcordé-émarginées, longues 6 l. sur

1 Je me crois autorisé présentement à prendre ce titre. Mais comme il est dans les possibles que ma brochure défrise M. M. (j'en serais marri), je ne me décorerai provisoirement plus de ce titre à l'avenir, avant d'avoir reçu un nouveau diplôme, qui, je le crains bien, me faudra. Ma devise est : « Fais ce que dois, advienne le tremblement ».

5, puis 7 paires linéaire-oblongues tronquées. Légume duveté-velouté, poils courts, dressés, mous, nombreux, peu apparens. *a.* graines carnées. *b.* graines peintes (vert, fauve et noir). — S'il y a une Forme glabre de cette Variété, je ne l'ai pas trouvée.

B. *spontanea* Ht. Élancé, oblique, robuste, 1 ½ -2'. Folioles plus longues et plus étroites, ordinairement à 8 paires dans le haut. — Je renonce à décrire plus exactement les folioles tant de cette Forme que des Suivantes. Peut-être y a-t-il quelque stabilité dans les diverses formes de foliole, mais je n'ai pu arriver jusqu'ici à rien de satisfesant.

α canescens Ht. *V. segetalis* Thuillier ex Seringe. *Sativa β segetalis* Ser. in Prodr. — Canescent, velu-cotonneux : légume duveté-velouté. *a.* gr. carnées. *b.* gr. peintes.

β virens Ht. *Sativa glabrata* Ser. *pro parte.* — Vert, glabre ou glabriuscule : légume glabre dès sa jeunesse ou seulement en grandissant. — C'est ici principalement que j'ai cru voir quelque stabilité dans 3 ou au moins 2 formes de folioles, mais je n'ose décrire. *a.* gr. carnées. *b.* gr. peintes.

Hab. Le *Culta* ne se présente jamais spontané. On le cultive peu en Lorraine : je l'ai observé dans deux champs, que j'ai dévastés à plusieurs reprises. Le *Spontanea*, de compagnie avec les *Remrévillensis* et *Melanocarpa*, remplissaient cette année les champs d'avoine à Remréville, village à 3 lieues Est de Nancy, dans lequel j'ai passé l'été de 1834. J'ai voulu immortaliser mon séjour.

Le *Spontanea α canescens* me paraît seulement une *Variation* du *Culta*. Il est d'observation que plus une Vesce s'allonge, plus elle pousse des feuilles étroites. Or, quand on sème la Vesce en champs, la plante ayant l'air et la lumière qu'il lui faut, reste basse et trapue, et s'arrête sans développer ses feuilles suprêmes. Quand elle croît parmi l'avoine, au contraire, elle s'élance pour gagner la lumière, ses feuilles du bas tombent ou se développent mal, et toute la force végétative se porte sur les sommités, qui poussent alors ces feuilles étroites inhérentes à leur nature de sommités. — Il est à remarquer qu'on ne trouve presque pas de ces Vesces parmi les Blés.

On trouve quelquefois dans les fossés humides ou au bord d'un pré, quelques pieds de *Spontanea β virens* à très-vastes folioles, qui ont une forme assez particulière. Enfin j'ai trouvé un Pied de cette dernière Sous-variété dont les corolles avortées, plus pâles, ne dépassaient pas les lanières calicinales.

4. *V. Remrévillensis* Ht. Comme *V. sativa.* Stipules inappendiculées, linéaire-coniques, très-entières.

α canescens Ht. Semblable de tous points au *Sativa spontanea canescens*, mais s'en distingue très-facilement par ses stipules simples dès le bas de la plante. Ce caractère est fort saillant, en voici une preuve : dans mes herborisations, j'emmenais une jeune servante pour porter ma boîte, et je l'ai dressée sans aucune peine à me rapporter de la plante en question.— Je n'ai trouvé que des graines peintes, mais comme l'Espèce est plus rare que le *Sativa*, et que je n'en ai pas un très-grand nombre en fruit mûr, il est possible qu'on en trouve de carnées par la suite.

β. virens Ht. Vert, très-glabre : légume glabre. Un seul individu, pas assez avancé pour que les graines fussent parachevées.

Hab. rariuscule parmi les avoines à Remréville. J'en ai retrouvé quelques Pieds à Manoncourt et à Fauconcourt.

5. *V. melanocarpa* Ht. *V. segetalis* Thuillier ex Mérat et Mérat. — *Sativa glabrata* Ser. *pro parte.* Légume noir, glabre (dès sa jeunesse ou en croissant), ventru, presque cylindrique, large 2 l., long 1 $\frac{1}{2}$" et jamais plus. Stipules appendiculées. — Moins robuste que le *Sativa culta* et moins élevé

que le *Sativa spontanea*. Vert, glabriuscule ou très-glabre : folioles étroites (il me semble que le nombre des paires ne dépasse pas 5–6, ce qui serait un caractère pour le distinguer en fleur d'avec le *Sativa spontanea virens*, dont je ne le distingue dans cet état que par la taille, pauvre moyen diagnostique). *a.* gr. nitides, d'un beau noir qui n'a pas l'air surajouté. *b.* gr. peintes. Pas de passage. Comme je n'en ai recueilli je ne sais pourquoi (c'est le plus commun) qu'une vingtaine d'échant. mûrs, je ne suis pas sûr de connaître toutes ses variétés de graines.

Pour apprendre à distinguer le *Mélanocarpa* en fleur du *Sativa spontanea virens*, il faudrait avoir une Direction de jardin botanique. Un Botaniste consciencieux sans jardin, c'est une pompe à feu sans combustible.

Voilà l'Article qui a été refusé par un Journal : le monde botanique peut prononcer entre nous. Je sais que l'Article n'est pas bien fait, le style en est insolite, d'un naïf qui frise la niaiserie, obscur probablement, minutieux par-dessus tout. Mais malgré tous ces défauts que je reconnais tout le premier (je voudrais qu'on pût faire une descente et vue de lieux dans mon âme), encore sont-ce des *Faits*, et je ne comprends pas qu'on refuse des Faits; c'est contraire à la philosophie de notre époque.

Telle fut ma première réflexion ; mais en réfléchissant à cette réflexion, je réfléchis que ma réflexion était irréfléchie, — qu'elle était un peu matamore et sentait l'outre-cuidance, — d'ailleurs injuste et fausse. Je me mis donc à reréfléchir, et je trouvai la réflexion subséquente, propre par sa modestie intrinsèque à me concilier la bienveillance de mon auditoire-lisant :

Voilà l'Article qui a été refusé par un Journal, et quoiqu'en thèse générale, on ne doive refuser aucun Fait, je conçois que, dans le cas particulier, on m'ait refusé. Un Fait n'est Fait que quand il a été bien observé : d'autre part, le Directeur du Journal ne peut pas s'amuser à étudier à fond tous les Mémoires qu'on lui envoie, répéter les expériences de l'auteur, etc.; il n'en a ni le temps, ni souvent même la possibilité. Il faut donc que le nom de l'auteur soit une garantie suffisante de bonne observation: sans cela, le moindre anichon remplirait le Journal de découvertes connues de tout le monde, de niaiseries et de bévues grossières, tout ce dont quoi le Journal est responsable. Un Journal a donc raison de ne recevoir ses Articles que d'hommes connus. J'admets le Principe quoiqu'il m'ait fait tort; et comme je vous l'ai déjà dit en particulier « mon cher G....., sans rancune ». Ce Post-scriptum doit montrer aux gens que je ne suis pas si présomptueux qu'on veut bien le dire, et surtout pas susceptible.

XXVI. *Mélilots, Moralité.* Un excellent Botaniste croyait avoir trouvé chez nous 4 *Mélilots :* moi, je venais justement d'étudier nos *Mélilots* tout un Été, et je n'eus pas de peine à lui faire voir que nous n'en avions que 2, *Officinalis* et *Arvensis;* que le Légume 1- et 2-sperme, avec quoi il dédoublait les 2 Espèces, n'était pas même un Caractère de Sous-variété, puisqu'on trouvait à chaque instant ces 2 États dans la même grappe. J'avais trop ouvertement raison pour qu'il pensât à se regimber sur l'heure contre ma Science. Mais 15 jours après, il paraissait avoir perdu tout souvenir de mes opinions en matière de *Mélilots.* — Je n'ai aucune animosité contre ce Botaniste, c'est bien certainement le meilleur et le plus serviable des hommes que je connaisse : je lui ai même 2 obligations qui ne seraient pas grandes dans le meilleur des mondes possibles, mais qui sont grandes dans le monde actuel, il m'a prêté des livres de prix et donné 500 échant. peut-être de plantes alpines pour 100 échant. tout au plus de plantes du pays. Et voilà tout justement ce qui m'a fait sortir des gonds et m'a décidé à déclarer la guerre au genre humain. Quand j'ai vu que l'homme le moins orgueilleux ne voulait pas recevoir de moi un nom d'Espèce; quand j'ai vu un homme de sentimens généreux me témoigner moins de considération depuis que ma position pécuniaire est descendue [1] (cette fatale confidence a produit le même effet sur bien d'autres); quand j'ai vu que le meilleur des hommes que je connusse n'était que cela, ma dernière illusion est tombée, et l'amertume au cœur, je me suis dit: « Je ne puis accepter la société telle qu'elle est. »

Il y a quelques années, sans avoir la moindre connaissance des travaux Allemands sur les *Rubus*, sachant seulement par ouï-dire qu'on en avait fait depuis peu beaucoup d'Espèces, l'idée me vint de les étudier moi-même sans un autre guide que mon coup d'œil judicieux. Je ne tardai pas à reconnaître 5 ou 6 Formes, et à me convaincre qu'elles restaient toujours bien distinctes, sans passer de l'une à l'autre. Enchanté de ma découverte, je m'empresse d'aller l'annoncer au même Botaniste : il n'en voulut rien croire; cependant sur mes instances, il voulut bien sortir. Dans la première haie que nous rencontrons se trouvaient 4 Formes, mais croissant côte à côte et entremêlant leurs branches : « Vous voyez bien » s'écrie-t-il « que vous n'avez rien vu ». En allant un peu plus loin, je vis des Pieds isolés, et je lui indiquai mes Caractères; puis revenant au premier endroit, je lui fis voir qu'il y avait simplement intrication de branches et non point passage d'une Forme à l'autre. Alors il se rendit et confessa. — Voilà donc bien une idée à moi appartenant; savoir que les *Rubus* sont de bonnes Espèces. Eh bien! mon Botaniste, qui continua de regarder les

1 On verra ci-dessous, dans la note XL, intitulée *Les amis*, ce que c'est que ma dégradation pécuniaire; on verra que je ne suis pas « un mauvais sujet qui a mangé sa fortune », mais qu'au contraire je suis un infortuné estimable et fort injustement persécuté.

Rubus dans ses promenades, me parla désormais de ses études sur les *Rubus*, voire même d'un sien projet d'une Monographie des *Rubus*, sans avoir l'air de se douter que je lui en avais donné l'idée. Il fut même très-étonné quand un jour je lui rappelai que j'y avais pensé le premier, et que j'avais eu beaucoup de peine à lui faire partager mon opinion. Il fit un voyage dans le Midi et vit Requien ; vous croyez peut-être qu'il lui a dit : « Vous croyez sans doute comme tout le monde que les *Rubus* ne sont pas espécifiables ; eh bien il y a à Nancy un jeune-homme, qui sans livres et sans connaissance des travaux Allemands, avec la seule aide de son coup d'œil, est parvenu à circonscrire judicieusement bon nombre d'Espèces de ce Genre si difficile » ? Du tout, il n'a pas dit cela, il a dit : « Les *Rubus* sont de bonnes Espèces, et j'ai envie d'en faire la Monographie ». Comment, va-t-on m'objecter, ai-je pu savoir ce qui se dit à Avignon, dans le cabinet de Requien? Eh parbleu, c'est notre Botaniste lui-même qui m'a raconté cela à moi-même, tant il avait oublié que je lui avais donné l'idée première, et je puis même dire qu'il n'a rien ajouté à mon idée, car toutes les Formes qu'il m'a montrées comme distinguées par lui postérieurement rentraient manifestement dans les miennes. — C'est bien peu de chose, me va-t-on dire, parler d'une pareille vétille ! Pour Decandolle sans doute c'est peu de chose, pour Decandolle qui décrit tout le règne végétal ; mais pour moi, c'est beaucoup. Voilà de ces petites choses qui font bien mal, qui désolent. Un jeune-homme est un personnage si minime, si imperceptible, que tout ce qu'on peut lui faire ne compte pas parmi les actes de la vie : les hommes croient que voler un jeune-homme, ce n'est pas voler. — On aura beau dire et penser ce qu'on voudra, je prétends, moi, que distinguer les Rubus *proprio Marte*, sans aucun secours étranger, c'est le signe infaillible d'une haute capacité Botanique.

XXVII. Le *Fragaria elatior Ehrh.* (*F. calycina* Soyer! obs. 150.), bien figuré dans l'*English Botany*, ne diffère pas seulement des autres par sa grande taille, la force de sa tige, la dimension de ses fleurs ; il est un bien meilleur caractère dont personne n'a parlé, à savoir que les folioles sont pétiolulées. On trouve il est vrai quelquefois dans le *Vesca* les très-vieilles feuilles, les feuilles tout extérieures, à folioles pétiolulées; mais dans l'*Elatior*, elles sont toutes ainsi. La spontanéité de cette plante à Nancy ne m'est pas encore tout-à-fait démontrée. Il paraît que c'est la Fraise la plus commune à Mende, car j'ai vu dans l'herbier Français du Muséum un échant. envoyé par M. Prost sous le nom de *Vesca*, avec la cédule «Commun dans les bois». La plante est très-cultivée dans nos jardins ; son fruit est ové-lancéolé, aminci à la base, musqué, dur, d'un rougeâtre sombre, l'axe intérieur ne se détache pas de la masse carpellifère ; calice réfléchi. — Je n'ai pas vu le Fruit de la plante spontanée. — M. Suard ayant trouvé une Localité qui paraît vraiment spontanée, je le priai de chercher le fruit : il ne se trouva pas un seul Fruit, ce qui n'a rien d'étonnant, la plante étant dioïque, au dire des auteurs. Cependant la plante des Jardins m'a paru (j'ai observé très-légèrement, il est vrai), constamment hermaphrodite. — Les *Vesca* et *Collina* sont communs chez nous : le caractère des poils du pédoncule est détestable, sur les 2 Espèces, on trouve des poils horizontaux dans une partie d'un pédoncule et appliqués dans l'autre ; le fruit ne présente aucune différence de saveur, quoique nombre d'auteurs aient avancé que si. Voici ce qui a pu donner lieu à l'erreur : le *Collina* ne croissant que sur les coteaux secs, a toujours le fruit très-aromatique; le *Vesca* ne l'a tel que quand il a la même station, et quand il vient à l'ombre, son fruit est aqueux, insipide.

XXVIII. L'inflorescence des *Composées* est classée parmi les *mixtes*, *centripète* par les capitules isolés, *centrifuge* par l'ensemble. Pour moi c'est une inflorescence *centripète* ordinaire, ne différant aucunement de celle des Ombellifères par exemple ou des Campanules à grappe rameuse. Dans les Campanules, l'axe central fleurit le premier, puis les branches latérales, en allant de haut en bas. Or un capitule est un rameau à axe très-court : le capitule terminal qui s'ouvre le premier doit donc être considéré comme l'axe central de l'inflorescence ou la branche maîtresse de la grappe, puis les autres capitules ou rameaux latéraux vont s'épanouissant de haut en bas, absolument comme dans toute inflorescence *centripète* rameuse.

XXIX. La graine du *Sonchus fallax Wallr.* est comprimée, ovale-oblongue, bordée d'une nervure, marquée sur chaque face de 3 nervures, et lisse entre. La graine de l'*Oleraceus* est de même forme, un peu plus épaisse : Wallroth la dit ridée en travers, ce qui est vrai, et même dans beaucoup de graines, on ne voit que cela ; mais dans d'autres, outre les rides, qui ne manquent jamais, on retrouve la nervure marginale, et sur chaque face on voit 6 nervures rapprochées 2 à 2, ou pour décrire philosophiquement, chaque nervure est rendue double par un sillon longitudinal.—La graine du *Palustris* offre une coupe lozangée, c'est-à-dire que chaque face est carenée: il y a une nervure marginale, et une nervure sur le dos de la carène. Cette plante ne me paraît pas pouvoir rester dans les *Sonchus*.

Le *Fallax* a les dents épineuses, les oreillettes en escargot, appliquées; l'*Oleraceus* des spinules toutes molles, les oreillettes tendues en avant et non contournées. J'ai trouvé constans ces caractères donnés par Wallroth. Ce grand observateur ne parle pas des sétules qui se présentent quelquefois sur le calice des 2 Espèces, au nombre d'une à beaucoup. Les feuilles sont inlobées ou diversement lobées.—Il faut que Spenner ait le diable de la réunion dans le corps pour amalgamer ces deux plantes.

XXX. Les *Séneçons* du Groupe *Nemorenses* sont inextricables, ou tout au moins restent jusqu'à présent inextriqués. Je ne me charge pas de cette lourde tâche, et je l'abandonne de grand cœur à mon laborieux ami Suard qui veut en entreprendre la Monographie : je vais chercher seulement à aligner le nombre de mots suffisans pour enfler d'une unité décente la somme de mes chiffres Romains. La Lorraine possède de ce Groupe 3 bonnes Espèces, Espèces-mères, dont les Formes extrêmes sont bien tranchées, mais qui arrivent presque à se confondre par une suite de dégradations et une kyrielle d'intermédiaires. 1° A Metz et Pont-à-Mousson, dans les Saussaies qui longent la Moselle, croît le *Sarracenicus* de *Smith* (ex Gay), feuilles amplexicaules, anthode canescent, 8 rayons. 2° Partout, le *Solidago Sarracenica* de *Fuchs*, conséquemment le *Sarracenicus* de *Linné*, *id.* de la *Fl. Fr.*, le *Fuchsii* de *Gmelin* et *Rchb.*, l'*Alpestris Gaudin?*, qui a les feuilles pétiolées (Etat prototype) ou sessiles, l'anthode vert, 3-5 rayons, les quelques phylles qu'on peut appeler *involucre extérieur* sont *moins longues* que l'anthode. 3° Sur les Sommités Vosgiennes, le *Cacaliaster* β *radiatus*, *Nemorensis Gaudin?*, feuilles amplexicaules, anthode vert, 3-5 rayons (sur un seul individu 6-8), les phylles de l'involucre extérieur *plus longues* que l'anthode.—Je n'ai pas encore vu vif celui de Metz : je demanderai cette faveur à l'obligeance du zélé M. Léo, qu'on ne sollicite jamais en vain. J'étudie les 2 autres depuis 2 ans avec une patience de Quakre, j'en rapporte autant que pourrait le faire un mulet observateur, et je ne suis content ni de moi ni de mes résultats. Le nombre plus ou moins grand de fleurettes dans le capitule n'est pas même un caractère de bonne Variété ; la longueur de l'anthode varie, ses phylles sont unies, ou 1-costées, ou 2-3-nervées, sphacelées ou pâles à l'extrémité, avec un bouquet de poils fort ou faible ; les feuilles sont 1 fois ou 2 fois dentées, à dents fines ou grosses, égales ou inégales, d'un tissu ferme ou mou, épais ou mince, glabres ou pubescentes. Quand notre *Cacaliaster* a des feuilles *bien amplexicaules*; il est semblable à mon échant. d'Auvergne (hors que celui-ci a l'anthode plus long et plus gros; il est palpable d'ailleurs que la présence ou l'absence des rayons ne peut faire qu'une toute petite Variété): mais on en trouve de *très-peu amplexicaules*, et dans le *Fuchsiï*, il se présente des feuilles si bien sessiles que cela se rapproche furieusement de l'*embrassant*. La longueur de l'involucre extérieur est jusqu'ici le seul bon caractère que j'aie trouvé. Pour la description et la circonscription des Races, Formes, Variétés et Variations, je donne ma langue aux chiens et ma procuration à M. Suard.

XXXI. Dois-je enrichir d'un *Thesium* mon ingrate patrie, laisser tomber encore une gringuenaude d'ambre sur son sol jusqu'à présent si dénudé d'Espèces, si longtemps veuf des irrigations espécifiantes qui font lever et fleurir au soleil doré de l'étude tant de nouveaux êtres dans les champs fortunés de la consciencieuse Germanie? Faire des Espèces pour des Welches! Mais ils n'en veulent pas. Les gens de Nancy conspuent mes Espèces. — Eh bien c'est égal: mes Espèces iront en Allemagne, on les y choiera, festoiera, couvera, et quand elles auront repassé le Pont de Kehl, il faudra bien que les gens de Nancy les prennent.—Et d'abord:—les 9 Thesium d'Allemagne sont d'excellentes Espèces, comme pourra s'en convaincre tout homme qui aura 1° des Thesium, 2° Koch, 3° des yeux, 4° Rchb., et 5° du sens dans la cervelle. Je garantis entr'autres, comme à moi personnellement connues, la succulence et validité des Espèces suivantes: *Pratense Ehrh.* (Rembervillers), *Intermedium Schrad.* (Bitche), *Alpinum* (Maron et Blénod dans la Meurthe et le Hohneck), et — chose qui m'étonne, un 4e qui couvre tous nos coteaux Nancéiens longè latèque, et qui archi-certes ne se trouve ni dans Koch ni dans Rchb. DC. Fl. Fr. V. 566. fait un *T. humifusum* « tiges nombreuses, couchées, terminées en épi grêle ; pédicelles courts, presque tous d'égale longueur ». Tout cela cadre avec ma Plante, mais les Caractères nécessaires à toute détermination sûre d'un Thesium ne sont pas donnés : le mien a des pédoncules à angle droit, rectilignes, longs 2 l.; le fruit ovale, à calice *involuté*, $\frac{1}{3}$ de la noix tout au plus ; les grappes latérales ordin. à angle droit ; les tiges ordin. prostrées, peuvent se redresser plus ou moins; ordin. filiformes, fortes qqf. : la racine, ordin. forte, est qqf. grêle. Si ce n'est pas le *T. humifusum DC.*, je la baptise de mon nom de famille, soit *T. Hussenoti* Ht.: on m'a si peu apprécié depuis que je suis sur terre, que je n'attends plus rien de la justice humaine ; il faut donc que je pratique la charité bien ordonnée et que je m'apprécie moi-même, sans cela mon nom ne resterait pas dans la Science, car je parie bien que DC. arrivera aux Chaodinées sans faire un Genre *Hussenotia* de quoi entrer dans l'œil d'une puce. —J'aurais beaucoup à dire encore de mon *Thesium*, ainsi que des *Pratense* et *Alpinum* que j'ai étudiés curieusement, mais j'attendrai que j'aie les Espèces qui me manquent, et alors je me livrerai *con amore* à des considérations sur tout le Genre, tant générales que particulières, aussi neuves que capitales.

XXXII. Dans les *Saules*, on doit faire 3 Descriptions *distinctes*, assez complètes pour qu'on puisse déterminer son Echantillon avec une seule. Vous me dites que 2 Saules diffèrent par les épis *femelles*; me voilà bien avancé si j'ai une branche *mâle;* vous dites qu'ils diffèrent par les *feuilles*, et j'ai des chatons sans feuilles.— Dans l'état actuel de nos livres, il faut faire des remarques aux arbres et les visiter à plusieurs époques, pour en pouvoir trouver le nom : *risum teneatis*.—Pour les *Pyrus*, même observation: comment reconnaîtrai-je un *fruit* avec une diagnose tirée de la *fleur* ?—Pour..., pour..., pour... etc., etc., etc., même observation.

XXXIII. M. Suard vient de me donner un *Carex* cueilli par lui sur un de nos coteaux, que j'ai reconnu être le *Gynobasis*: je dis *reconnu* et non *déterminé*, parceque je l'ai déterminé par confrontation avec mon herbier, ce qui est infiniment plus facile et moins méritoire que de déterminer avec les livres, Koch n'ayant pas encore fait les *Carex*. Car une fois que Koch a fait un Genre, il n'y a plus de mérite à déterminer, un Académicien Lorrain y réussirait. Notre *Gynobasis* est tout-à-fait semblable à celui de Dijon, que m'a donné M. Fleurot : celui de la Lozère, que j'ai reçu de M. Prost par l'intermédiaire de M. Mougeot, a le facies un peu différent.

XXXIV. *Cryptogamie*. La providence, qui a si manifestement favorisé mes investigations Phanérogamiques, n'a pas complètement deshérité mes recherches en Cryptogamie. J'ai découvert: à Nancy, le *Perisporium circinans* décrit par Fries, qui a oublié de me citer, attendu qu'on avait oublié de lui parler de moi; et à Paris le *Labrella Pomi Mont*. Chacune de ces trouvailles a donné lieu à une erreur dont je décline la responsabilité, parce que j'avais prévenu du contraire ; mais on n'écoute pas ce que je dis, *jeune-homme*. Le *Perisporium* ne vient pas sur le *Geranium molle* comme l'indique Fries, mais bien sur le *Rotundifolium* (Viscidulum Fries), et sur lui seul. Le *Labrella* ne croît pas sur les Pommes à demi-pourries, comme le rapporte M. Montagne, mais sur les Pommes très-saines qu'on vend à Paris au commencement de l'hiver, tant chez les fruitières que sur les bateaux du port. Il est vrai qu'on trouve aussi la plante sur des Pommes pourries, parceque la pourriture ne fait pas envoler l'hypoxilon, mais ce n'est pas cela qu'on appelle venir sur les fruits pourris.

POSTFACE.

XXXV. Les gens qui m'entendent parler de mon *livre* depuis tantôt 7 mois seront bien étonnés de voir que ce n'est que cela. Le retard vient en grande partie du délabrement de ma santé, anéantie par d'atroces chagrins, chagrins poignans ! car ils me viennent d'un lieu d'où je n'en devais pas attendre, d'où je devais recevoir au contraire toutes les consolations, toutes les joies de la vie, chagrins qui portent en eux le germe de la phthisie pulmonaire ou du suicide, chagrins qui fondent les muscles d'un homme comme suif au soleil et mènent sa cervelle droit à Charenton, chagrins qui assassinent ! Ma première rédaction, faite sous cette influence, contenait des personnalités trop virulentes envers des hommes, qui, en définitive, n'ont que refusé de m'obliger, sans me faire de mal positif. Or, depuis que la religion chrétienne n'est plus la religion de l'état, nul n'est tenu d'aimer son prochain : chacun fait ses petites affaires comme il peut. D'ailleurs les hommes, (tous généralement quelconques, pas plus les Botanistes que les autres), ont une profonde aversion pour la vue de la souffrance, sous quelque forme, avec telle délicatesse qu'on la leur expose : par horreur instinctive, ils fuient les affligés comme si le malheur était contagieux. Je ne crois plus à l'amitié, et tout homme qui a atteint sa 25e année n'y peut plus croire ; c'est une illusion de jeune-homme. L'amitié, c'est un système de carottes tiré aux niais qui ne savent pas encore par les habiles qui ont appris. Tant qu'un homme mûr voit des idées ou de la matière (plantes, insectes, roches, etc., tout ce qui est bon à garder), à soutirer à un jeune-homme, il lui témoigne de l'affection : quand le jeune-homme a livré ses plantes, et que, commençant à voir clair dans le cœur humain, il refuse de livrer ses idées, l'homme mûr lui tourne le dos. Et puis, autre loi morale : le monde n'a de considération, même de simples égards, que pour quiconque a 6000 fr. de rente. Permis alors d'avoir des idées à soi, des idées neuves : alors la science est estimable, considérée. Quand on a 6000 fr. de rente, on peut être malheureux sans en crever : on trouve des consolations et des consolateurs. Mais quand on n'est pas positivement riche, le malheur entraîne le mépris aussi certainement que le principe sa conséquence et la cause son effet [1]. Oh ! je le dis avec une âcre douleur, avec un désespoir sombre et cuisant, j'ai profondément observé le cœur de l'homme, je l'ai sondé jusqu'au fond, j'ai fouillé de l'œil et du doigt ses plus obscurs replis, — et je n'y ai trouvé que de la m.....

Il y a une dixaine d'années que je m'occupe de Botanique : j'ai herborisé 4 ans sans livre et sans maître ; je ne fis pas grands progrès, comme bien on pense, et je me décourageai ; alors j'étudiai la médecine. Reçu Docteur, des circonstances déplorables, et que je ne devais certes pas prévoir, m'interdirent toute pensée d'exercer mon état, et je me repris à la Botanique comme à la seule chose qui pût encore m'attacher à la vie. Le 1er novembre 1833 [2], j'achète la Flore Allemande de Koch et une Grammaire ; en herborisant, j'étudiais la langue, si bien qu'au milieu de l'été, je compris passablement mon Auteur ; alors je pus m'apercevoir que ce grand Floriste, quoiqu'épouvantablement supérieur à tout ce qui l'avait précédé, n'avait cependant pas complètement brûlé le terrain derrière lui, ou, pour parler sans métaphore, qu'il n'avait pas vu absolument tout. Cette découverte me confirma dans mon zèle, et je me décidai à me faire Botaniste de profession. Pour ne pas m'exposer à donner comme nouveau ce qui ne l'est pas, à vendre des friperies pour des habits neufs, je voulus avoir une espèce de Bibliothèque, et je me procurai à grand'peine les bons auteurs Allemands et même Français, Rchb., Fries, Gau-

1. La plus grande injure qu'on trouve à dire à un homme, c'est de lui dire : « Vous me faites pitié ».

2 Dans ma première édition, j'avais mis 1834 par inadvertance, ce qui fesait un non-sens.

din, Wallroth, DC., et quelques autres. Ces livres m'arrivèrent le 15 janvier 1835 : trois jours après je me mis à l'œuvre, et mon œuvre était presque terminée quand survinrent les premières chaleurs ; depuis lors mes souffrances morales ont tellement anéanti en moi toute force de réaction, que tout travail intellectuel ou physique me devint impossible. Voilà ce que j'ai de plus important à raconter : je ne demande pas d'indulgence, il va sans dire que, quand on imprime, c'est qu'on croit sa rhétorique au moins passable. Je ne compte pas sur l'approbation ; le principal mérite de mes observations est dans la nouveauté des petits Faits, et dans la minutie avec laquelle j'ai cherché à fixer sur le papier des détails que tout le monde a renoncé à exprimer. Or il y a d'abord trop peu de gens compétens, surtout en France, où on s'occupe à peu près exclusivement de généralités ; et ensuite, les hommes qui seraient en état d'apprécier et la nouveauté et l'importance de mes petites choses, n'iront ma foi pas méditer mes Articles les plantes à la main. Et quand même ils reconnaîtraient que j'ai dit vrai et que j'ai dit le premier, ils ne m'en estimeraient pas plus pour cela ; car jamais de la vie ni des jours, des hommes mûrs ne s'aviseront de penser, et bien moins encore de proclamer que j'ai plus d'esprit qu'eux, moi jeune-homme. D'ailleurs un obstacle bien plus grand que l'envie, un obstacle-monstre, véritable fléau-de-dieu des Sciences d'Observation, c'est ce scepticisme crétin, ignoble, stupide et féroce, que les hommes médiocres opposent comme un assommoir-Samsonnien à tout ce qu'ils n'ont pas vu ; ces gens-là ne veulent croire que ce qu'ils ont vu, et seulement quand ce qu'ils ont vu n'est pas contraire aux idées reçues : de plus ils n'admettent que ce qu'ils ont pu voir, et quand un homme mieux organisé saisit des nuances qui leur échappent, des Faits trop subtils pour leur grossier cerveau, ils frappent vos observations d'une fin-de-non-recevoir, ils nient brutalement. Je publie donc seulement pour l'acquit de ma conscience, et, quelque désespérant que cela soit à penser, sans espérer plus de facilités, plus d'obligeance dans la suite que je n'en ai rencontré jusqu'ici. Je trouverai, après comme devant, des Bibliothèques qui ne prêtent pas de livres, des Jardins inabordables, des Jardiniers insolens, des Directeurs égoïstes et apathiques, toutes les entraves, toute cette force d'inertie que doivent connaître—tous les Botanistes qui ont commencé sans être fils de leurs pères.

Avant d'avoir éprouvé à mon damn cette terrible force d'inertie, je n'en avais aucune idée, car si je m'en étais seulement douté, j'aurais secoué comme une syphilis toute pensée d'avenir et de gloire, et j'aurais tâché de m'abrutir comme mes concitoyens. Je me suis lancé dans la Science avec une ardeur, un enthousiasme de jeune-homme, croyant que j'allais trouver au moins des encouragemens chez des gens à qui je ne demandais rien autre chose, m'imaginant que j'obtiendrais d'eux tous les secours qui ne coûtent pas un sou. Je croyais bonacement que les hommes aimaient à entendre des idées, et je me suis trompé; l'homme n'aime pas à écouter les idées des autres, il n'aime que les siennes, telles quelles: chacun se dit à soi-même qu'il a pensé à tout, examiné tout, et choisi le meilleur. Moi qui ne savais pas cela tant j'étais jeune, je leur proposais des idées, eux me riaient au nez d'abord et me démontraient (dans mon intérêt) que mes idées ne valaient rien; et puis, 15 jours après, ou même le lendemain, si je les revoyais le lendemain, ils me resservaient mon idée comme leur, en me disant: « Mon cher, voilà ».

Deux mots sur la marche de la Botanique Européenne dans ces derniers temps. La Flore Française, livre très-remarquable pour l'époque, nous avait placés au niveau de l'Allemagne et de l'Angleterre. Depuis 1815, l'Angleterre a un peu marché, l'Allemagne a fait des pas de géant; nous, nous avons fait une halte dans la poussière. Je ne voudrais pas qu'on me prît pour un dénigreur systématique de la Science Française; je sais rendre justice à qui de droit : aussi vais-je m'expliquer.—Aujourd'hui que le champ de la Botanique est démesurément étendu, cette Science s'est divisée de fait, sinon de principe, en 2 branches : la Botanique des généralités, l'arrangement des Familles, la Physiologie et l'étude des Espèces exotiques,—j'appellerai celle-là la Botanique des grands-seigneurs ; il est permis à bien peu d'entrer dans cette Corinthe, il faut pour cela trôner dans les chaires Parisiennes, toucher ses jetons de présence à l'Institut, et même jouir d'un patrimoine recommandable. La Botanique générale, exotique et physiologique n'a pas cessé de jeter chez nous un vif éclat, nos savans lui ont fait faire d'immenses progrès[1]. Mais l'autre Botanique, Botanique de la petite propriété, celle qui va battant la plaine de Grenelle ou la Forêt de Meudon, s'ébahissant sur une Espèce, ramassant les moindres Variétés, comptant jusqu'au dernier poil d'un végétal, cette Botanique qui arrangerait si bien les braves gens de province qui ont de 1500 à 3000 fr. de rente et 24 heures à dépenser par jour, qui occuperait ces vieux rentiers de Paris, libertins en réforme et séducteurs de nos grand'-mères, — celle-là, il faut en convenir, a été horriblement négligée. J'aperçois bien dans l'horizon désert quelques hommes d'un rare mérite qui s'occupent d'Espèces Européennes, Gay et Petit, par exemple, Requien d'Avignon : certes quand les 2

1 Je ne dirai pas que l'Europe nous les envie (nos savans), phrase consacrée, mais qui devrait être à l'usage exclusif du Constitutionnel; c'est une niaise fanfaronnade bonne pour le Cirque Olympique, théâtre éminemment Frrrrrançais; l'Europe admire nos savans, très-certainement, mais elle ne nous les envie pas, de même que nous n'envions pas Robert Brown à l'Angleterre, tout en le considérant comme le premier Botaniste du siècle. Je n'ai jamais entendu dire en France : « Quel dommage que R. Brown ne soit pas Frrrançais! » : pourquoi diable les Anglais diraient-ils : « Quel dommage, etc. » Un savant n'a pas de patrie, il appartient au monde entier.

premiers nous auront donné chacun la Flore qu'ils nous promettent depuis si long-temps, que nous attendons avec tant d'impatience, certes alors un Français pourra apprendre la Botanique, alors il y aura des livres Français, alors le goût de cette Science se répandra, et nos efforts nous feront remonter au rang dont nous nous sommes laissé précipiter. Mais en attendant ces Flores si désirées, que doivent faire ceux qui veulent apprendre dès à présent? la chose est ardue, amère, effroyable. Il faut: faire venir les Catalogues de la librairie Allemande, apprendre l'Allemand, apprendre le Latin d'Allemagne, tout hérissé de Grec et d'Hébreu, emberlificoté de Kantisme, de Fichtisme, etc.; il faut apprendre la Botanique d'Allemagne, c. à. d. — prendre une Espèce, l'étudier dans ses plus petits détails, depuis les fibrilles radicinales jusqu'à l'embryon dans la graine, étudier après cela et avec le même soin toutes les Variétés et Variations de cette Espèce; ensuite étudier l'Espèce voisine, puis d'Espèce en Espèce on remonte au Genre, et de Genre en Genre à la Famille. Voilà donc ce que c'est que la Botanique Allemande, étudier l'Espèce avant toutes choses, l'Espèce dans toutes ses parties, dans toutes ses phases de développement, étudier tous les détails de l'Espèce comparativement avec tous les détails de l'Espèce ou des Espèces tant voisines qu'éloignées. Ce n'est pas un métier de paresseux, comme on voit; c'est une étude longue et laborieuse, qui n'est pas aussi facile, pas aussi puérile que Messieurs les Botanistes grands-seigneurs veulent bien le dire. J'espère bien montrer un jour à Messeigneurs de la Physiologie que l'observation des petits détails peut mener à des considérations hautement philosophiques, j'espère bien avec ma loupe généraliser comme eux avec leur télescope. Car il faut incontestablement généraliser, faire surgir un fil d'Ariane de ce Labyrinthe des petits détails. Mais j'ai besoin pour cela de posséder beaucoup d'Espèces, et ce n'est pas avec un herbier de 3 localités que je peux trouver des lois d'Organographie. Au futur donc le Sublime ; on me croira présentement sur parole, s'il vous plaît. — Mais écartons la considération des lois sublimes emprisonnées pour le moment dans ma cervelle, examinons la chose le plus prosaïquement, le plus terre-à-terre possible, voyons, franchement, n'est-il pas honteux qu'en France, personne ne connaisse les Espèces Françaises, pendant que l'Allemagne a de délicieux Botanistes par centaines. Taillons de la besogne à tous ces Koch au petit pied qui foisonnent dans nos petites villes, pleins de zèle pour la Science et ne sachant à quoi employer leur activité. Il n'est pas de bicoque en France qui ne renferme 2 ou 3 hommes oisifs, passablement intelligens, quelquefois très-intelligens, qui se prennent un jour de belle passion pour la Botanique ; ils étudient, ils ramassent, ils sont de feu : puis au bout de 2 ou 3 ans vous les voyez bayer aux corneilles, s'ennuyer comme des rats morts. « Pourquoi n'herborisez-vous plus » ? — « J'ai tout, je ne trouve plus rien ». Qu'on leur mette aux mains un livre où toutes les Espèces de nouvelle fabrique seront bien clairement décrites, et vous verrez comme cela leur remettra du cœur au ventre. Ils n'auront pas tout trouvé au bout de 2 ans, je vous en réponds ; ils en auront pour long-temps, si ce n'est pour la vie : voilà des gens arrachés au désœuvrement, à l'ennui, cette mort de l'âme, des gens qui vont travailler utilement au grand-œuvre de la Science, et du milieu d'eux peut-être on verra surgir quelque grand naturaliste, — il ne faut qu'une étincelle pour allumer un génie caché. Donc, appelons de tous nos vœux une bonne Flore de France, préparons des couronnes et des acclamations pour le Koch, le Rchb. Français, car nous ne pouvons continuer plus long-temps notre halte dans la boue, il y va de l'honneur national.

Pour étudier la Botanique à l'Allemande, il me faut de toute nécessité une Direction de Jardin Botanique ; mais la place est prise, on l'a donnée à un Chimiste, — très-fort en Chimie, fort arriéré en Botanique ; l'Enchiridion de Persoon compose à lui seul toute sa bibliothèque ; quand on lui dit que la Botanique est une Science agréable, il rit d'un fou rire. Il est en même temps Professeur de Botanique, et il en sait ma foi bien assez long pour professer, aussi n'ai-je jamais convoité sa chaire. Mais je proposais un arrangement à nos Constituées. Notre Chimiste reçoit 100 écus pour professer, et 100 écus pour diriger. Moi, je ne demande pas d'argent, au contraire, je distrairais joyeusement de mes maigres revenus quelques centaines de francs pour avoir un Jardin à diriger. J'aurais voulu qu'on donnât 600 fr. au Professeur, et rien au Directeur, à condition que ce serait moi celui-ci. Mais parlez donc à des Constituées, c'est chanter dans un violon, en général, et en particulier nos constituées ne sont pas polies; et puis elles ont fort peu d'estime pour les Sciences qui ne tendent pas directement à faire bouillir la marmite ; d'ailleurs je suis trop jeune. C'est quand on est jeune qu'on travaille, assurément ; mais en France, on n'accorde jamais aux jeunes-gens les places qui fournissent les moyens de travailler, sans doute dans un but hygiénique, ils pourraient se faire du mal. En France, on aime les Professeurs en enfance ; toujours on laisse radoter un homme tant qu'il plaît à Dieu ; qui est-ce qui n'a pas entendu le Père Andrieux bavarder ses commérages, le Père Portal siffler son anatomie comme une couleuvre, Boyer geindre sa clinique en cheval poussif, sans parler des vivans, qui ne sont pas peu. Notre Jardin allait cependant si mal, que les Constituées se sont crues obligées d'ajouter quelques rouages à la patraque ; elles ont établi un Conseil d'Administration consistant en un personnel de 3 personnes, à savoir — un Pharmacien, — un Architecte, — et un Bibliothécaire ; plus, un Jardinier neuf. L'Architecte a : remis des vitres entières à la serre en remplacement des cassées, remanié la toiture du mûr d'enceinte, arraché les arbres pour niveler le terrain, et quelques bonnes herbes en ôtant les mauvaises. Le Pharmacien a laissé faire. Quant au Bibliothécaire, quoiqu'il n'ait rien fait du tout [1], ce n'est pas la plus bête des nominations; c'est un excellent Botaniste, mais il n'a pas le temps de s'occuper du Jardin, étant : Bibliothécaire, Conservateur du Cabinet d'Histoire naturelle (sinécure pour le présent), Conservateur des Médailles et chargé de leur détermination, Archiviste de l'Académie, Secrétaire-Archiviste-Trésorier de la Soc. d'Agriculture, Rédacteur d'un Journal d'Agriculture, etc. etc. etc., et quand il trouverait le temps de faire marcher le Jardin, il s'en abstiendrait, pour ne pas donner d'ombrage au Directeur en titre. Le Jardinier était doux comme miel dans les commencemens: mais ayant pris la mesure de son Directeur, ayant reconnu que celui-ci ferait toutes les concessions pour avoir la paix et craignait même des conflits avec son subordonné, il s'est proclamé indépendant, il a énoncé publiquement que 1° le Directeur ne pourrait délivrer d'autorisation de cueillir des plantes, 2° qu'on ne les pourrait obtenir que de lui, jardinier, et 3° qu'il n'en donnerait à personne. Voici le principe sur quoi il se fonde: « Je suis responsable des dégâts, donc j'ai le droit de les prévenir par tous les moyens; le plus commode est de fermer la porte, je la ferme, et nul n'y a rien à voir, puisque je suis responsable ». E sempre bene, tout le monde est content : c. à. d. pas précisément, mais enfin on le laisse faire. Il a grand soin de porter des Échantillons au Bibliothécaire, et tant qu'il sera exact à cette attention, il gardera sa place; mais qu'enivré de ses grandeurs, il néglige de porter les Échantillons, je lui garantis qu'il ne moisira pas dans sa Jardinerie.

Quelque dépeuplé que soit le Jardin de Nancy, sa fermeture me fait un mal immense, un Jardin pauvre enrichit toujours

[1] Je dois dire pourtant qu'il a donné au Jardin de la graine de Haricots.

un herbier pauvre, et j'y avais beaucoup d'observations commencées, dont il me faut faire le sacrifice : car les Constituées ne s'inquièteront jamais d'un pauvre hère tel que moi.—Je vais donc adresser aux Directeurs de Jardins quelconques un appel qui très-probablement ne sera pas entendu. On a pu voir par mes Notes que j'étudie spécialement les Graines; je prie les Directeurs [1] de m'envoyer des Collections de Graines par Familles, les plus complètes que possible, des Familles d'abord où les Graines sont reconnues utiles, Ombellifères, Composées, Renonculacées, et aussi des Familles où elles sont présentement censées inutiles, Graminées etc. Je recevrai même avec plaisir des Graines isolées, ce sera toujours des Graines. Je voudrais que, pour nombre d'Espèces, on me fît 2 paquets de la même Graine, l'un de Graines bien épluchées, telles qu'on les envoie habituellement; l'autre de Graines renfermées dans leur Péricarpe. — Je ne conçois pas pourquoi les Jardins n'envoient de Graines qu'aux Jardins, et n'en envoient pas aux Botanistes : cela leur coûterait bien peu et serait très-profitable à la Science. Dans beaucoup de Plantes, la Graine suffit pour qu'on détermine le Genre, et même l'Espèce : et quand même il n'en serait pas ainsi, des Collections de Graines seraient d'une immense utilité aux Botanistes. Car il y a une foule de Plantes dont ils ne peuvent se procurer les Graines : ils trouvent des tiges sèches inreconnaissables, ou bien les Graines mûrissent à l'arrière-saison, etc. etc. etc. L'utilité de la chose est bien évidente, mais cela fait peu à l'affaire; le point majeur, capital, pernicieux, assassin, c'est que les Directeurs, Professeurs, tout ce qui est dans les honneurs, l'Aristocratie Botanique, la Botanique en voi-

1 Je m'adresse bien entendu seulement à ceux dont la Poste transporte les envois gratis; car si la philantropie venait par hasard à surgir dans toutes les âmes de Directeurs, ils me ruineraient.

ture et en bottes luisantes, méprise cordialement la Botanique à pied et crottée. Un jardinier d'une Capitale, renommée fort injustement pour son urbanité, me disait : « M. Decandolle m'avait demandé la Collection de nos Composées, mais je n'ai pas le temps ». Quand on manque d'égards pour Decandolle, qu'est-ce que je peux attendre, moi? — De la m.....

Une chose que les Jardins devraient faire aussi, c'est d'envoyer des Échant. desséchés aux Botanistes; bientôt les Plantes des Jardins seraient bien nommées.... mais les Directeurs se soucient bien de telles vétilles!

XXXVI. Où je me ravise. Encore les Jardins. — En matière de Jardins Botaniques, mon opinion est qu'il ne faut pas donner d'argent au directeur; c'est la seule manière d'avoir là des gens zélés pour la chose: tant qu'on paiera, toujours y aura-t-il des hommes ignares et fainéans pour se jeter sur la place comme loups sur une proie, au détriment des hommes de la Science et de la Science elle-même, surtout. Pour le Professeur, c'est différent: comme il a des dépenses de livres à faire pour se tenir au courant, il est juste et utile de le payer. Si donc on veut me donner la Direction, je la prends gratis: une Direction de Jardin, même gratuite, est pour moi d'une immense utilité, une vie nouvelle. Et j'ai même réfléchi que si on m'offrait le Professorat, j'accepterais, dans l'intérêt de la Science exclusivement bien-entendu (car qui serait assez méchant pour supposer...), et dans mon intérêt inclusivement. M. Braconnot est décidément trop incapable, en Botanique, s'entend : car je connais aussi bien que quiconque sa haute capacité en autre chose; mais il ne s'agit pas d'autre chose, il s'agit de ceci. M. Br. est un délicieux Chimiste, l'Europe est là pour le dire à ceux qui l'oublieraient; mais c'est un piètre Botaniste. Qu'on lui érige une Chaire de Chimie, c'est un malheur et une honte pour le pays que d'avoir un homme aussi distingué et de ne pas l'utiliser. Il est vrai que la Ville lui a 25 fois offert une Chaire de Chimie et qu'il a obstinément refusé. Voici pourquoi (ce n'est pas qu'il m'ait confié jamais ses motifs, mais une sagacité moindre que la mienne les eût devinés). Avec une réputation comme la sienne, il ne voudrait pas faire un Cours médiocre ; s'il fesait un Cours de Chimie, il voudrait le faire digne de lui: or un bon Cours est toujours une affaire laborieuse, même pour un homme très-savant. Tandis que dans la Botanique, il se met tout à son aise : «Vous faites un bien mauvais Cours, M. Br., » lui dites-vous ; « A qui le dites-vous ? je le sais mieux que personne,... mais est-ce que la Botanique est une Science ? » vous répond-il bonhomiquement, et il rit comme pouvait le faire Jean Lafontaine, avec lequel la simplicité de ses mœurs lui donne plus d'un rapport. Et de fait, un Cours comme son Cours de Botanique est la chose la plus pentagruélique, la moins embarrassante qu'on puisse imaginer, vrai Cours d'Académicien Lorrain. Il a rédigé les Cahiers de son premier Cours il y a quelque 30 ans, du temps du «Voyage dans l'Empire de Flore»; et chaque année, déroulant ses 4 Cahiers l'un après l'autre, il rappelle à ceux qui pourraient l'avoir oublié que « La famille des Liliacées est une des plus élégantes de l'Empire de Flore », que « Le Lys a été choisi par les poètes pour l'emblème de la candeur », et « Qu'à ce titre les Rois de France l'ont porté sur leur écusson » ; il prodigue avec profusion toutes les *fleurs* que la Rhétorique peut faire épanouir et dorer de son soleil. J'ai dit : « il rappelle » et l'expression est inexacte, car je doute que jamais personne ait eu la tentation de s'exposer deux fois au Cataclysme de ses *fleurs* (de Rhétorique). Les hommes de sens, qui, ayant terminé leurs études classiques, allaient là pour apprendre la Botanique, partent du pied gauche à la 3ᵉ leçon, et il ne reste plus que quelques galopins qui aiment les bouquets, et qui surtout ne sont pas fâchés de quitter la boutique une heure ou deux. Depuis 30 ans qu'il professe, M. Br. n'a pas fait un seul élève; moi-même, avec tout mon zèle pour la Science, et quoique je n'eusse aucun autre moyen d'apprendre, je n'ai pas pu y tenir; pas un Carabin, pas un Apprenti-apothicaire ne sait en sortant de là ce qu'est une Étamine, comme peut s'en apercevoir chaque année le Jury-de-Réception pour MM. les Apothicaires et Sous-Médecins. On me demandera comment il se fait que la Ville paie un Professeur pour ne pas faire ce qu'elle veut et faire ce qu'elle ne veut pas. Eh bien c'est comme cela chez nous; on ne s'inquiète pas si l'Homme convient à la Place, mais si la Place convient à l'Homme: une Place vient-elle à vaquer, l'Autorité s'enquiert s'il n'y aurait pas un Homme qui ait besoin d'argent ou qui aime l'argent, et quand elle en a trouvé un qui rentre dans une de ces 2 catégories, elle lui donne la Place; on n'exige d'autre condition que la capacité de palper les appointemens. Aussi les places ne sont généralement pas long-temps vacantes, ce qui a bien son avantage.—Il y avait autrefois...., outre le Professeur-Titulaire, un Professeur-Adjoint; c'était un brave et digne homme nommé Foissey, qui n'était peut-être pas bien grec, mais qui en savait certes de reste pour professer, et qui n'était pourtant pas trop bête pour un Lorrain: cet homme était très-zélé pour la Botanique, et c'est à lui qu'on doit tout ce qu'il y a de Botanistes à Nancy; Soyer, Monnier, Suard sont élèves de Foissey: moi-même (si j'ose me nommer après ces 3 Savans), je suis indirectement élève de Foissey; car quoique Soyer ne m'ait bien certainement pas donné 6 heures de leçons dans toute notre vie respective, encore dois-je convenir que je n'eusse pas eu l'idée d'étudier la Botanique et que je n'aurais pas pu y faire les premiers pas, sans les quelques mots que je parvenais à lui arracher à travers mille brutalités. Oh! mon apprentissage a été dur! je l'ai payé plus cher qu'avec de l'argent: heureusement pour moi, quand j'étais jeune j'avais un bon caractère; car si à l'heure qu'il est, j'étais à recommencer mon apprentissage auprès du même Patron, du diable si je voudrais accepter à ce prix la gloire de Cuvier. Pour en revenir à Foissey, il avait le malheur *d'avoir une opinion*, comme on disait alors; et la réaction de 1815 le destitua. On y mit des formes, il est vrai, ce ne fut pas une destitution brutale, on supprima la place sous prétexte d'économie. Et voyez comme ces soi-disant Patriotes sont peu délicats, peu reconnaissans des attentions qu'on a pour eux, ... le misérable en mourut. Pareil sort me pend à l'œil si je dissipe mon patrimoine en fumée de gloire et de zèle scientifique. Cette suppression de Chaire était d'autant plus injuste que la Chaire avait été fondée par Stanislas, avec les appointemens. Mais la Ville a trouvé à cet argent une autre destination quelconque, c'était l'important. — Br. n'a été pour rien dans la destitution de Foissey, et je n'ai parlé de celui-ci que pour montrer que tous les hommes distingués comme Botanistes proviennent du fait de Foissey, et que Br. n'a fait aucun élève. On se tromperait singulièrement si on attribuait mes médisances sur Br. à un sentiment de haine et de convoitise. Dans le meilleur des mondes possibles, on déplacera un homme moins capable pour placer à sa place un plus capable; c'est évidemment dans l'intérêt général, les Chaires étant instituées pour la meilleure instruction des élèves, sans aucun égard pour les intérêts particuliers du Professeur. Mais je sais fort bien que dans nos mœurs actuelles on n'ôte jamais une place de cette nature à Pierre pour la donner à Jacques. Je ne convoite donc pas: je ne hais pas non plus. Br. est un si excellent homme, que je ne puis prendre sur moi de lui en vouloir, quoiqu'il se soit mal comporté à mon égard dans une circonstance importante. Il m'avait toujours témoigné de l'intérêt, un intérêt assez stérile il est vrai, mais qui fait toujours un peu de bien au cœur dans notre Société de

Jean-sucres. Br. consentait à ce que j'eusse des Échant. du Jardin Botanique, il le désirait même, j'en suis convaincu, car c'est un homme vraiment bon. Mais le Jardinier n'en veut pas donner. A la place de Br., j'aurais dit: « Vous donnerez des plantes ou b.... de D. je vous mets à la porte», et je garantis que si j'eusse été Br., notre homme eût été doux comme un mouton et même plat comme une punaise. Au lieu de cela Br. lui a *conseillé* d'être honnête envers moi ; cela aurait l'air d'une mystification, si je ne connaissais la faiblesse et la bonhomie du Professeur. Le Jardinier lui avait dit pour débuter : « M. Hussenot m'a manqué » ; certes à la place de Br., avant de le laisser poursuivre, je lui aurais dit : « Tout beau, mon petit ami, est-ce que vous vous f... de moi? par hasard : apprenez qu'un homme du rang de M. Hussenot ne peut pas manquer à un être de votre espèce ; employez désormais des termes plus convenables, ou je vous donne de ma botte au ... ». Au lieu de cela Br. admet comme possible tout ce que lui raconte cet homme, lui *conseille* de ne pas dresser procès-verbal contre moi ; Br. met mon témoignage en balance avec celui d'un tel homme. J'ai été fort étonné ; je n'aurais jamais imaginé qu'un homme bien élevé et qui me connaissait pût douter de ma parole. Une telle injure ne peut venir que d'une ignorance totale des égards que se doivent les gens éduqués, et je ne puis souffrir qu'un homme de mon rang s'avise de suspecter ma voracité (véracité, veux-je dire) : je pourfends désormais quiconque aurait cette insolence. Je ne me suis pas senti la férocité de crever la bedaine à Br., c'est vraiment un trop brave homme, et je me suis réjoui plus tard de ma modération : car quand il a su que je lui en voulais, il est venu aussitôt me témoigner la peine que lui avait faite la grossièreté de son subalterne, et m'assurer que non-seulement il n'était pour rien dans l'avanie que j'avais reçue, mais que même il s'y était opposé de tout son pouvoir. J'ai cru Br., moi, et je ne lui ai pas fait l'affront de douter de sa parole. Mais tout cela est bel et bon, je suis le dindon de la farce en attendant; n'en voilà pas moins 2 ans que je me trouve exclus de fait du Jardin Botanique, soit que Br. ne consente pas, soit qu'il laisse faire; et je suis empêché tout de même de continuer mes observations. Que m'importe après cela tout l'intérêt que Br. peut me témoigner. Le Jardinier ne voulant décidément pas me donner de plantes, Br. avait à opter entre 2 choses : faire chasser le Jardinier et conserver mon amitié, *ou* garder son Jardinier et accepter mon inimitié; il n'y a pas de *mezzo termine*. Je recevais avec plaisir la bienveillance de Br. quand je n'avais rien à lui demander; mais aujourd'hui qu'il me laisse couper les vivres, pouvant l'empêcher, accepter sa bienveillance et son inertie tout à la fois serait me faire à moi-même une mystification sempiternelle. Br. envisageait d'un côté le Jardinier qui pouvait l'embêter avec sa mauvaise tête, de l'autre moi sans moyen de vengeance, innocent agneau tout prêt à laisser manger sa laine; il a satisfait le méchant qu'il craignait et sacrifié le bon qu'il ne craignait pas. Br. peut voir aujourd'hui qu'il a mal choisi, et que les impulsions de la couardise ne sont pas toujours les plus salubres.

Moi bien et dûment expulsé, Suard était le seul qui demandât des Échant.; le Jardinier lui a signifié qu'il eût à se pourvoir ailleurs. E sempre bene... les Autorités ne s'occupent pas de si petites choses.

Il y a encore une Chaire de Botanique à l'École Forestière, ou plutôt une Chaire *De omnibus rebus et quibusdam aliis;* l'infortuné attaché au boulet de cette Chaire doit apprendre et enseigner : 1° la Chimie, minérale, végétale et animale, expérimentale, atomistique et moléculaire, 2° la Physique, générale, particulière et météorologique, 3° la Géologie, Géognosie, Paléontologie, et Oryctologie, 4° la Minéralogie et

Cristallographie, 5° la Zoologie, Physiologie, Anthropologie, Mammalogie, Ornithologie, Aviceptologie, Ichthyologie, Erpétologie, Amphibiologie, Entomologie, Malacologie, la Préparation des Cuirs (Taxidermie), l'Art de l'Empailleur et du Rempailleur, 6° la Botanique, phanérogamique et cryptogamique, Organographie, Glossologie, Taxologie, Logologie, la Physiologie et Nosologie végétale, l'Agriculture, l'Horticulture, le Jardinage et l'Hippiatrique. Mais cela me mènerait trop loin, je ne dis plus qu'un mot : la place est bonne, rapportant 6000 fr. ; quand elle est vacante, elle ne l'est pas long-temps ; elle est occupée présentement par un Helléniste-Médecin-Littérateur, détestable Naturaliste. Il y a un assez beau Jardin Botanique dont les Botanistes sont exclus, sans doute pour que nul ne puisse relever les bévues du Professeur.

Il y a encore une Chaire d'Histoire Naturelle au Collége ; la place, qui n'est, je crois, pas très-bonne, est occupée par un Professeur de Mathématiques. Mais c'est égal, l'essentiel est que les appointemens soient palpés par quelqu'un, et qu'ils ne restent pas à moisir dans la caisse de l'Université.

XXXVII. Lotharingia exsiccata :

Centuries non vénales de Plantes sèches, embrassant la Végétation intégrale des 4 Départemens taillés dans l'ancienne Lorraine, Meurthe, Meuse, Moselle et Vosges.

Comme les nouvelles Espèces manufacturées en Allemagne, en telle abondance qu'on les croirait faites à la vapeur, sont généralement inconnues en France, et qu'elles se trouvent éparsément décrites dans une foule d'ouvrages très-difficiles à se procurer, j'ai pensé que je rendrais un grand service à mes compatriotes en leur fesant connaître celles que je connais déjà moi-même. Dans ce but je prépare, sous le titre Romantique de *Lotharingia exsiccata*, des Centuries qui embrasseront en général les Départemens précités, mais spécialement les environs de Nancy, Bruyères et Gérardmer, où j'ai considérablement herborisé. Mes Centuries contiendront: 1° les Plantes dites rares, 2° les bonnes Espèces faites dans les Plantes communes, 3° les Races ou Variétés tranchées, stables et sans passage, 4° les Variétés proprement dites, à forme tranchée, mais où l'on trouve quelquefois ou souvent des passages, 5° les Variations remarquables. Sur mes Étiquettes on verra : 1° les Synonymes nécessaires, Mœnch, Ehrhart, Villars, Synonymes qu'on ne peut appliquer soi-même, qu'on applique seulement après que des gaillards comme Koch ou Rchb. ont inspecté et redécrit la Plante de l'Auteur antédiluvien ; 2° les Synonymes utiles et instructifs, Koch, Rchb., Synonymes qu'on peut appliquer soi-même, avec la même facilité qu'on se mouche quand on n'est pas manchot des 2 bras, l'Auteur ayant donné des Caractères suffisans ; 3° les Caractères les plus saillans qui séparent la Plante que j'envoie de l'Espèce avec laquelle on la confond, ou qui font que c'est la Variété α et β ; 4° la Citation substantielle des principaux Caractères donnés par l'Auteur que je cite en Synonyme, surtout quand le Synonyme a été contesté, c'est-à-dire appliqué à d'autres Espèces. — Je diffère l'émission de mes Centuries par plusieurs raisons. 1° Je veux pouvoir envoyer en même temps toutes les Espèces voisines et jusqu'alors confondues. 2° (Raison majeure) il faut que ma réputation soit assez bien établie pour que mes Déterminations fassent autorité: quand j'envoie une Plante, il ne faut pas considérer seulement le temps et la peine de la dessication, mais encore les années que j'ai mises à l'observer, les semaines que j'ai passées à la comparer aux descriptions des Auteurs, et même la sûreté de mon jugement, car il est probable que beaucoup de Botanistes, eussent-ils mes livres à leur disposition, ne détermineraient pas aussi juste. Je perdrais trop à échanger Échantillon contre Échantillon avec un Botaniste qui me rendrait des Plantes non étudiées ou mal étudiées [1]. Étant une fois bien entendu qu'il faut me payer mon temps d'étude et ma science acquise, je laisserai la délicatesse de mes Correspondans fixer le taux auquel ils voudront estimer mon étude et mon érudition. Avec les Botanistes de ma taille, j'échangerai Plante pour Plante. Quant aux Géans de la Botanique, les grands créateurs d'Espèces, les Koch, Rchb., Fries, Weihe, Nées, Wallroth etc., je ne leur demanderai rien que des Points d'exclamation in litteris : si en outre ils veulent bien me donner des Plantes, nul doute que je ne reçoive tout ce qui viendra d'eux avec une satisfaction de roi. — Je recevrai en échange : 1° les Plantes spontanées (avec Localité très-précise toutes les fois qu'on le pourra), 2° cultivées de racine ou graine prise dans une localité authentique (j'estime autant celles-ci que les Plantes tout-à-fait spontanées, parceque je vois si elles ont été modifiées ou non par la culture), 3° les Plantes cultivées rares ou nouvelles, et celles dont on aurait beaucoup d'Espèce d'un même

[1] Quelque bête que je paraisse, j'ai fait quelques Espèces dans notre banlieue; les Specimens que j'en donne aux Botanistes indigènes devraient leur être précieux puisque ce sont, ou je ne m'y connais pas, des Types de 1re qualité, Types qui ont absolument autant d'importance, surtout pour les Aborigènes, que des Échant. Linnéens. Eh bien la malveillance et la jalousie aveuglent tellement mes chers Confrères qu'ils reçoivent mes Types avec une froideur glaciale : entr'eux, ils se gaussent de moi et de mes Types, ils ne tiennent pas le moins du monde à posséder l'Étiquette de ma main, ils ne se gênent pas pour me dire « Nous aimerions mieux de vraies Plantes d'ailleurs ». Ils n'auront plus de mes Types. Je suis fâché de cela, car j'aurais désiré soumettre mes Espèces à une sanction impartiale ; je n'ai pas d'amour-propre du tout, pas d'amour-propre d'auteur, je détruirai mes Espèces avec joie et publicité, quand on m'aura fait voir leur manque de solidité. Mais je ne puis les soumettre à l'arbitrage de nos gens. Ils sont trop incapables pour être compétens, et moitié pour éviter de se compromettre (ils n'ont cependant rien à perdre de ce côté-là, mais peut-être se le figurent-ils), moitié par envie, ils diront que je ne sais pas faire les Espèces.

Genre ou d'une même Section de Genre, 4° les Collections de Graines d'une Famille, ou même de Graines quelconques, recueillies avec leurs accessoires (Péricarpe, Involucre, Pédoncule même, si faire se peut), des Familles d'abord où les Graines sont reconnues utiles, telles que Composées, Ombellifères, Renonculacées, et aussi des Familles où les Graines sont censées inutiles, 4° les Livres, Brochures et Journaux de Botanique.

Rubus. Depuis quelques années, j'étudie en Herboriste, mais avec une âcre persévérance, les *Roses* et les *Rubus*, ceux-ci surtout, qui sont encore plus diaboliques. Avant de cueillir un *Rubus*, je déchausse complètement sa Racine, pour être bien sûr de ne pas mêler 2 Individus; puis je coupe rez-la-terre une ou plusieurs des Tiges des diverses Formes qui partent de la même Racine : ensuite je sectionne ou replie toutes ces Tiges du haut jusqu'en bas : quand je puis retrouver le Pied, je recommence la même opération à une autre époque. C'est une étude bien *épineuse*, et je ne suis pas encore satisfait de mes résultats. Cependant ma faculté de percevoir s'est aiguisée graduellement, et je pense que dans 2 ans j'aurai une opinion arrêtée. J'ai déjà quelques motifs de croire que ce sont véritablement des Espèces, et qu'on ne trouve pas de Passages. Je crois avoir vu autour de Nancy une quinzaine d'Espèces: et à quelques Espèces, avoir trouvé de bonnes Variétés. Je ne pense pas que les Feuilles des seules Tiges Stériles soient aptes à fournir des Caractères, et je crois en avoir trouvé de bons dans les Feuilles de la Tige Fleurie. Les Feuilles de l'Inflorescence entières ou lobées, c. à. d. formées de plusieurs Folioles soudées, n'ont aucune valeur, ceci, je peux déjà le donner pour du certain. Le Toment des Feuilles ne me paraît pas tout-à-fait invariable: pour celui de la face supérieure, j'en ai eu des preuves matérielles (à Nancy, le *R. tomentosus* est plus commun à Feuilles vertes en dessus). Les Pétales m'ont offert généralement des différences très-caractéristiques, mais souvent aussi, il y a une telle dégradation dans les formes qu'on n'y reconnaît plus rien. La Saveur du Fruit est la même partout, excepté 1 ou 2 Espèces. Les *Rubus* de la Section du *Nitidus* me paraissent les plus faciles, quoique je ne m'y retrouve pas dans les auteurs. Jusqu'ici je n'ai pu déterminer aucune Espèce avec Rchb. et l'Extrait de Nées donné par Koch, et je n'espère pas y réussir par la suite : la seule chose que je puisse assurer, c'est que le *Cœsius* de tout le monde est le *Dumetorum* de Weihe Nées, je m'en suis convaincu dans la seule demi-heure où j'aie pu jouir de leur Ouvrage. Leurs Planches m'ont paru indistinguables, mais ce jugement a peu de poids, alors je n'étudiais le Genre que depuis 2 ans. Enfin j'ai trouvé des Monstruosités intéressantes. Ces quelques paroles paraîtront creuses à ceux qui ne se sont pas occupés de *Rubus*, mais j'imagine que les botanistes qui s'en sont tourmentés reconnaîtront là au moins 4 ans d'étude. J'oubliais le Fait qui me semble le plus important, la Durée des Tiges : sur certains Pieds, on rencontre des Tiges de 3 sortes: une dressée Florifère de l'année; une autre de l'année, Foliifère arquée ou couchée, quelquefois monstrueusement florifère à son extrémité; enfin une Tige de l'année précédente ou peut-être plus vieille (on la voit reverdir à la sortie de l'hiver) arquée, forte, portant des fleurs et les mêmes feuilles que la tige Foliifère (c'est cette dernière à sa seconde année). Dans le *Nitidus*, je crois avoir trouvé soit les 3 Tiges réunies, soit une seule, soit 2 : la Tige Florifère dressée annuelle est si différente des autres qu'on se donnerait au diable pour reconnaître l'identité. Beaucoup d'Espèces m'ont paru manquer toujours de cette Tige Florifère dressée: je crois encore que je l'ai vue devenir Vivace dans le *Nitidus*, ce qui constitue une 4ᵉ forme de Tige. Ce point de science ne pourra être éclairci qu'après qu'on aura bien circonscrit les Espèces et qu'on aura donné le moyen de reconnaître et déterminer chacune des 4

Tiges isolément. Il faudra donc pour chaque *Rubus* complet 4 descriptions. Ce dernier théorême me paraît la base fondamentale de toute étude profitable : sans cela, je n'imagine pas qu'on puisse en finir avec ce genre infernal, le plus difficile de la botanique, probablement.

Sur les *Roses*, qui sont un peu moins difficiles, je n'ai rien à dire ici, si ce n'est que je n'ai pas vu le *Sepium* passer à une autre forme, quoiqu'il soit commun autour de Nancy : il nous offre 2 variations assez stables, à longs et courts pédoncules. Je peux dire encore que j'ai vu un Canina (à supposer que ce soit le Canina) à feuilles glabres (c'est le plus commun) et un autre à feuilles passablement poilues en dessous : ces 2 êtres étaient évidemmeut la même plante avec des poils en plus ou en moins, et la dernière est très-différente du *Rosa* qui a toujours les feuilles velues en dessous. Ce fait m'a presque démontré qu'il doit y avoir de meilleurs caractères à donner que ceux dont on a usé jusqu'à présent. Mais il doit être bien difficile de s'en rendre compte, de les exprimer, et surtout de les faire comprendre à la lecture. Enfin j'ai cueilli sur la colline de Westalden (H[t]-Rhin) un *Pimpinellifolia* à fruit lagéniforme que je rapporte provisoirement au *Gentilis* de Sternberg.

Je me figure que si (hasard des hasards) je parviens à circonscrire d'une manière un peu judicieuse les Espèces de ces 2 Genres, une Collection même sans Noms, mais où les Analogues seraient bien rapprochés, devra faire un vif plaisir à tous les vrais Botanistes. Ces Genres ont été travaillés par beaucoup de grands naturalistes que je désirerais bien consulter ; mais je ne l'ose pas, étant obscur comme je le suis.

XXXVIII. Ce projet est de longue haleine, par conséquent d'exécution douteuse. Quand on a conscience de son génie et qu'on n'a pas *son bien* dans l'âge propre au travail, quand on aperçoit des voies nouvelles et qu'on se trouve arrêté dans son essor par le manque de pièces de cent sous, on sent au cœur quelque chose de si poignant, les journées se traînent dans un désespoir si sombre et les nuits dans des insomnies si rêvassières, qu'on doit, ce me semble, chercher à s'y soustraire promptement. J'ai écrit le mot *génie* sans hésiter, car en vérité je méprise trop cordialement la canaille humaine pour craindre de la voir me rire à la face. La vie serait encore supportable, même quand on est empêché matériellement de faire des travaux dignes de soi, si on rencontrait quelques hommes avec qui on pût causer: (par homme, j'entends une cervelle, les citrouilles qui roulent par la rue ne diffèrent pas pour moi de l'âne ou du cochon) mais non, tout homme qui a un peu d'idées n'écoute que lui-même, n'estime que son propre genre d'études. Moi qui ai observé les hommes pour le moins autant que les herbes, je vois chacun dire que l'autre est égoïste et s'en fait accroire, se trouver soi-même irréprochable et merveilleusement intelligent : tant qu'on le fait parler de lui et de ses études, la conversation se soutient; mais dès qu'il n'a plus rien à dire, veut-on entamer le chapitre des siennes, il bâille, rebâille et bâille encore. L'un d'eux n'avait-il pas dernièrement l'impudence de me reprocher que je tinsse fortement à mes idées. Eh! qui diable ne tient pas à ses idées? Avant de les arrêter définitivement, j'ai vingt fois pesé en moi-même toutes les objections qu'il m'oppose, et il veut que je les trouve victorieuses, par cela seul qu'elles sortent de sa bouche. L'homme est par ma foi un animal insociable. Un mauvais Traducteur d'Auteurs Latins riait d'un rire inextinguible, absolument comme un Dieu d'Homère, de me voir chercher la gloire dans la Botanique. Et cet homme est un des moins sots de la Bicoque, quoiqu'il soit Académicien. L'homme est par ma foi un animal indécrottable. Et quand un Botaniste n'a pas assez d'espèces monnoyées pour se faire une bibliothèque, acheter les Centuries de Plantes d'Europe, herboriser sans privations, quand il n'a pas à sa disposition entière, à discrétion le Jardin du Muséum de Paris, quand il ne peut pas s'exciter le cerveau d'un verre de Champagne toutes les semaines et de deux bons dîners par mois, la vie est une mauvaise plaisanterie,

Le nom du ciel pour lui n'est qu'une farce amère (*Barbier*) :

il n'est pas apprécié des hommes qui pourraient le distinguer, il est exposé sans défense aux coups de pied des derniers des ânes... Oh! l'insolence de la médiocrité envieuse est une chose atroce! La médiocrité! elle sent trop bien que jamais elle ne pourra s'élever à rien, jamais faire redire son nom par la bouche des hommes; mais ne croyez pas que pour cela elle prête le moindre flacon d'hydrogène au génie prêt à prendre son vol vers l'Ether ; oh! loin de là! elle lui met du plomb sur les ailes, elle lui attache des poids aux pieds, elle se cramponne à lui pour le retenir dans la fange.... On dirait que ces gens-là ont un bonnet de coton dans le thorax au lieu de cœur.—J'ai conçu la Botanique, une Flore d'Europe, entr'autres, sur un plan d'une étendue, d'un complet et d'un nouveau gigantesques : mais il me faut pour cela *ma fortune* tout de suite, et vingt années d'âcre observation. Aussi le monde ne verra-t-il pas de moi une œuvre, et j'aurai passé comme ces vivans nés-morts que nous représente l'infernal Florentin :

È la lor cieca vita tanto bassa
Che invidiosi son d'ogni altra sorte.
Fama di loro il mondo esser non lassa :
Non ragioniam di lor, ma guarda e passa.

XXXIX. *Grand projet.* Le lecteur qui par hasard m'a suivi jusqu'ici s'imagine, le doux chrétien, que j'espère un grand succès: eh bien, le lecteur est une f... bête (comme le dit si souvent fort élégamment mon doux maître M. Soyer-Willemet), il va voir si je connais l'humanité. Voici ce qui arrivera à mon livre : ceux qui le liront le trouveront mauvais, et la plupart ne le liront pas ; les gens à qui j'en ferai cadeau me remercieront de 2 ou 3 mots banaux qu'on peut dire sans l'avoir ouvert, et 3 semaines après, si j'en parlais encore, je tomberais dans le ridicule. Il n'en serait certes pas ainsi si j'étais un homme vertueux comme mon ami Monnier (20,000 fr. de rente pour le moins), ou bien un honnête homme comme mon ami Baillard (6,000 fr.), ou même un simple bon garçon comme mon cousin le Substitut (3,000 fr.) ; mais je ne suis qu'un original (1,500 fr.). Ici j'arrête le lecteur, et je lui pose une Proportion « *Considération : Mérite : : Richesse : Individu* ». Développons : 1,500 fr. donne l'indépendance ; vous n'avez qu'à rester chez vous et personne ne vous dira rien, vous êtes libre comme l'air, à condition que vous ne demanderez rien à qui que ce soit ; vous n'avez personne qui veuille aller porter un cartel, il faut y aller vous-même et tout seul, au risque du manche-à-balai. 3,000 assure des *Connaissances*, vous êtes bien vu dans la bourgeoisie ; si on vous reçoit dans la bonne société, vous pouvez faire le compère, vous disposez de 20 formules pour dire certainement quand on dit oui, ou nenny-da quand on dit non : si vous êtes toujours vêtu proprement, personne ne refusera de vous crever la bedaine ; vous trouvez un parlementaire et des témoins. A 6,000, on a des Amis, on peut se présenter dans la bonne compagnie et avoir une opinion à soi. A 10,000, on ne trouve plus que dévouement et vénération ; vous avez de l'éloquence et on fait cercle autour de vous. Moi je ne suis qu'un original (1,500 fr.), et pas même, comme on va voir. Quand j'ai distrait 300 fr. pour mes dépenses Botaniques, il me reste pour mes relations sociales 1,200 fr. (homme de mauvaise vie), tout juste, non pas pour me faire considérer ma foi, mais à peine saluer par mon tailleur et mon bottier, encore faut-il souvent que je commence.

Les Docteurs, et même les Officiers de Santé, ne me regardent pas comme un confrère; j'avais 2 Avoués d'amis, qui ne me reconnaissent plus, ils me désavouent; les Apothicaires me traitent comme un de leurs Garçons. On a vu que, mathématiquement, je ne puis faire de bruit avec mon livre, en espérer la moindre considération. Car, dans ce qu'on appelle *la considération*, la valeur intrinsèque de l'homme n'entre pour rien, absolument rien. — On m'objecte que la société reçoit avec plaisir des hommes aimables et cependant pauvres : le Fait est vrai, mais ce n'est qu'une dérogation apparente à la loi que j'ai établie. Je sais fort bien qu'il suffit d'avoir un habit, une chaussure et du linge propre, de parler correctement et d'avoir quelque usage pour être admis dans le beau monde, si on veut s'y contenter du rôle de zéro, si on emploie sa haute intelligence à s'anéantir à propos devant tout cretin aristocrate qui s'avise un beau jour de parler comme s'il pensait. Je les ai vus ces hommes pauvres, aimables et bien reçus, et j'ai découvert leur secret, c'est qu'ils sont humbles, c'est que jamais ils ne se posent l'égal du riche le plus bête quand il est dans son jour de prétention à l'intelligence. — Mais enfin, puisque la société est ainsi, il vaut mieux la prendre telle que de vivre seul. Certainement. Mais pour accepter de bonne grâce la société telle qu'elle est, il faut avoir dans le caractère une souplesse naturelle, ou acquise de bonne heure. Si j'étais né le fils d'un savetier ou d'un marchand de ficelle, j'aurais circonscrit mes prétentions dans un cercle très-étroit, je me serais préparé de longue main à supporter un rôle inférieur. Malheureusement je suis né dans la classe à peu près riche, et c'est par des circonstances fortuites, imprévoyables et très-rares que je me trouve déchu : il est trop tard à 27 ans, pour changer le plan de sa vie, ses formes, son caractère. Si j'étais né tout bas, j'aurais toujours vu le monde prendre envers moi un ton de supériorité, je m'y serais habitué. Mais il m'est arrivé autre chose : les petits bourgeois qui, il y a 2 ans, me témoignaient de la déférence, me traitent aujourd'hui avec cette familiarité offensante qui veut dire « Si tu n'es pas content je m'en mocque »; les gens qui me parlaient comme à leur égal, me parlent comme à leur inférieur. Je n'ai pu m'y faire, et jamais je ne m'y ferai. D'ici à ce que la faulx du temps m'ait fait remonter à ma place, je ne me considère pas comme vivant, le monde ne fera pas attention à moi quoi que je fasse, je dors de la léthargie d'Épiménide. Mais ce sera long peut-être. A quoi donc m'occuper si par hasard je ne me tue pas?... Si je pouvais m'abrutir! m'adonner à quelque boisson pas chère, l'eau-de-vie de grains par exemple, car avec l'Opium seul, il me faudra des années pour me détraquer la cervelle. J'essaierai. Mais l'abrutissement ne viendra encore pas du jour au lendemain. Pour dévorer ce terrible intervalle, je vais travailler à compléter ma vengeance, démasquer tous les infâmes qui m'ont réduit au désespoir. Comme les hommes, ne tenant pas du tout à mon estime et ne me craignant pas, se sont montrés à moi tels qu'ils sont, j'écrirai ce que ma position m'a mis à même de découvrir dans cette branche de la Philosophie. Je vais commencer, soit sous la forme d'un Roman, soit plutôt sous une forme analogue aux Confessions de Rousseau, une espèce d'Histoire de ma Vie. Mon principal personnage sera une femme tout-à-fait exceptionnelle, qui me touche de près, que par conséquent j'ai eu les moyens d'observer et d'analyser complètement, et qui a eu sur toute ma vie l'influence la plus désastreuse : — femme exceptionnelle seulement par l'excessif développement qu'ont pris chez elle des scélératesses généralement répandues, mais à l'état embryonaire, dans tout le sexe femelle; — femme très-bas placée pour l'intelligence, mais à qui l'*instinct* de la malice, développé par les circonstances, a fini par donner une certaine puissance. On suivra les progrès de la perversité dans ce cœur originellement neutre, on la verra se ruer de vice en vice, à travers la fange des passions. Je mettrai la calomnie grossière aux prises avec la crédulité humaine : on palpera comment une agacerie de femme, même quand la femme n'est pas de première qualité sous le rapport des formes, comment une grimace, épaulée d'un verre de Champagne, donne, auprès de la partie mâle de l'Espèce, donne de l'autorité aux mensonges les plus maladroits, fait passer les bourdes les plus extravagantes. On trouvera une théorie complète de la vexation perfectionnée, depuis le coup d'épingle jusqu'au coup de poignard. Voilà pour le Drame : je jetterai la boue à pleines mains. Comme Encadrement, je développerai la grande thèse du mobile des actions humaines ; je montrerai, sous un autre jour qu'Helvétius et Larochefoucault, que les hommes sont de stupides marionettes remuant sous l'unique influence de 2 fils moteurs, l'Egoïsme et l'Orgueil. J'appuierai ces grandes vérités de pièces tellement probantes, qu'on verra la cervelle humaine fonctionner comme sous une cloche de verre. Bref, je veux élever la pyramide de ma gloire de Moraliste aussi haut que celle de ma gloire Botanique : alors je pourrai mourir sans regret, ou entrer joyeux à Charenton, j'aurai vécu une vie bien pleine, car, sans argent, j'aurai fait parler de moi, sans secours, j'aurai abymé tous mes ennemis dans mon désastre. — En attendant, vivent la joie et les pommes-de-terre !

XL. *Les Amis.* Tout le monde sait que quand un homme tombe dans le malheur, tous ses Amis et Connaissances déguerpissent comme si ils avaient le feu au ... : il n'y a qu'en Lorraine qu'on conteste cela, mais je vas confondre les Lorrains par la bouche de Fr. Soulié, b.... à poil, comme on sait. « J'aurais voulu suivre la carrière honorable de mon père, mais les talens les plus distingués, la probité la plus irréprochable, ne l'avaient point sauvé de la destitution. Je me rappellerai toute ma vie cette leçon du malheur qui me parut alors si irritante ; cet abandon soudain de *tous* nos amis, *abandon venu dans le Moniteur*, abandon qui n'eut ni ménagement ni nuance. Cela se passa à 9 heures du matin, dans nos bureaux ; on y saluait mon père, on lui obéissait, on l'écoutait, on le *flattait ;* le courrier arrive, on y lit la nouvelle de sa *destitution,* en moins de rien nous n'eûmes *plus un* ami, *pas une* connaissance ; les visiteurs disparurent et les *commis* devinrent *presque insolens.* En vérité, on peut me croire, *ce ne fut pas* une désertion faite à la longue, habilement ménagée pendant quelques mois ou quelques semaines, *ce fut tout simplement* des gens qui prirent leurs chapeaux et s'en allèrent sans rien dire. Et le soir, le soir même, ce fut une expérience que mon père voulut me faire faire; nous nous rendîmes sur la promenade publique, elle abondait en *amis* que nous recevions, qui nous recevaient, qui étaient de notre *intimité* comme nous de la leur ; eh bien, ceci est textuellement vrai ; quand nous parûmes dans la grande allée, le flux des promeneurs s'ouvrit devant nous. *Du plus loin qu'on nous voyait*, on se rabattait dans les allées latérales, on regardait en l'air ou de côté, un nid d'oiseau ou une branche torte, on en paraissait très-occupé, on s'échauffait sur un colimaçon, le tout *pour ne pas saluer un destitué* ». On voit que M. Soulié a été frappé de Déconsidération *aigue*, apportée sur les ailes du *Moniteur*. La mienne a présenté la marche *chronique*, c'est moi-même qui l'ai colportée sur mes épaules de porte en porte. Ma famille passe pour riche, et tant que je suis resté dans son giron, je jouissais solidairement de la Considération satisfesante qui s'attache naturellement à toute pile honnête d'écus de 100 sous. Mais je ne pus supporter long-temps les ignobles et incessantes tracasseries, l'outrageuse domination d'une femme qui devait être tout au plus mon égale: je quitte la baraque, et on me jette 1,500 fr. à ronger comme un os de charogne à un chien.

Je rencontre un ami de la maison et je lui dis : « La méchante femme que vous connaissez m'a mis à la porte, on me donne 1,500 fr. ; avec mes études Botaniques, c'est la misère : vous savez les calomnies que cette femme a répandues sur mon compte pendant mon absence parmi toutes les classes de la Société, depuis les Notabilités jusqu'au Scieur de bois et à la Marchande de pommes ; je suis d'autant plus à plaindre qu'elle fait mouvoir à son gré la langue d'une autre femme qui certes n'est pas méchante, mais qui, d'une incroyable faiblesse, va répétant tout ce qu'on lui souffle. Cette circonstance donne une base à des calomnies qui, sans cela, se retourneraient contre leur auteur ; tout cela, joint à l'esclandre des escapades personnelles de la Mauvaise, détruit la belle position sociale qui m'était promise ; je ne puis plus ni exercer la médecine ni me marier ; vous voyez que je ne suis pas heureux, et que j'ai besoin des consolations de l'amitié ». L'ami me répond : « Mais ça n'est pas possible » (tout ce que je puis dire n'est jamais possible). Moi d'exhiber mes preuves, je me mets en frais de logique et d'éloquence, et je parviens à lui prouver que je suis dans une position déplorable. Alors l'ami prend part à mon affliction et achève la conversation sur un ton convenable. Mais à la rencontre suivante, il me reçoit d'une manière très-cavalière, avec cette familiarité offensante qui est si lourde sur l'estomac. Je fus très-surpris d'un tel phénomène, et je voulus savoir si le premier individu était plus mauvais que les autres, ou si le fait tenait à une loi de la nature humaine. Eh bien le phénomène s'est reproduit autant de fois que j'ai conté mes malheurs. Et sans aucune exception, aucune, aucune : les riches, les pauvres, les vieux, les jeunes, mes amis, mes ennemis et les indifférens, tous m'ont dit ou voulu dire : Mon cher, c'est bien fâcheux pour vous, mais je ne me soucie plus de vous voir.

Les Parens. Un de mes Amis, homme mûr, me battait froid

et même glacial, depuis quelque temps, et je le laissais faire, ne pouvant l'en empêcher. Comme, dans ce temps-là, j'avais la bêtise d'aimer quelqu'un et la stupidité de tenir à l'estime des hommes (je ne savais pas, lors, de quel bois elle se chauffe, mais aujourd'hui...), j'étais vraiment peiné d'avoir perdu l'amitié de cet Individu; quoique offensé, je fis des avances qui furent agréées, et on m'envoya la lettre de réconciliation suivante:

« Monsieur Hussenot [Monsieur en toutes lettres, pour que je ne puisse pas croire que cela voulait dire Mon cher], je vous ai répondu que je vous en voulais toujours, parceque j'ai supposé que vous étiez toujours capricieux et injuste envers vos amis, *méchant et ingrat* envers vos parens. Si je me trompe, si vous êtes changé, si vous êtes ce que vous pouvez et devez être et que vous teniez à mon amitié, je vous la donne de tout mon cœur et vous la conserverez tant que vous voudrez ». Signé: *Leuret.*

A présent, Candide Lecteur, veux-tu savoir quels sont ces doux parens envers lesquels je suis *méchant et ingrat?* je ne veux pas te faire languir, c'est ma Sœur, et pour te mettre à même d'apprécier son gentil caractère, je vais te donner un fragment d'une lettre qu'elle écrivait à ma mère, à une époque où nous étions en pleine paix. Ma mère a trouvé la lettre si pacifique et si naturelle que je l'ai retrouvée 2 ans après dans un tiroir, où certes je ne la cherchais pas. Je rectifie l'orthographe, qui serait indéchiffrable pour des intelligences ordinaires, des intelligences de Botanistes, véritable aurteauguerafle-Fieschi:

« Ma bonne mère, etc... Quant à ton fils, je ne conçois pas ta faiblesse pour un être semblable; penser à revenir à cause de lui! eh que lui manque-t-il ici? il est gâté chez notre tante qui le régale de son mieux; elle lui achète des petites bêtes à 18 sous la douzaine. Pour ses jours de garde [1] nous n'avons pas attendu que tu nous dises ce qu'il faut faire. S'il se plaint, c'est à tort. Tâche d'avoir une fois envers lui du courage ; envoie-le promener, au diable même si toutefois le diable en voulait. Garde-toi bien de revenir. Je suis pour la vie, ta bonne fille, *Zélie* ».

Voilà la douce créature envers qui j'avais l'*ingratitude* d'être *méchant*. Que t'en semble, Lecteur bon-enfant ? Elle cultive le Genre Épistolaire.—Si Gœtzmann avait connu Beaumarchais, il ne se serait pas frotté à si rude joûteur : ma bonne sœur pourra faire quelque petite réflexillon analogue ; on ne m'a jamais connu, chez nous, on m'a toujours pris pour un *Peccata*. Cette femme a dès long-temps mis ses jupes sur sa tête, elle est sortie tout-à-fait de son rôle de femme. Elle avait organisé, pour me faire déguerpir de la baraque, ce qu'elle nommait la *Ligue des Femmes*, la bannière était : « Il faut que les femmes se soutiennent », le principe, que l'homme n'est bon à rien, que les femmes doivent le mener par le bout du nez, et lui donner tant de coups de pieds dans le ... qu'il tende le dos définitivement. J'ai déguerpi, mais quand j'ai été dehors, elles se sont battues entr'elles, et continuent ; notre maison n'est plus qu'un remue-ménage, un va-et-vient sempiternel de femmes, elles ne font qu'entrer et sortir. Tiens vois-tu, ma bonne sœur, tu m'as donné dans ma vie tant de conseils que je ne te demandais pas, que je puis bien t'en donner un à mon tour : « Tu n'as pas compris ton rôle de femme ; d'abord il faut qu'elle laisse tomber ses jupes, conformément à la loi de la gravitation universelle, découverte par le grand Newton ; la femme n'est pas plus faite pour la guerre que pour le Genre Épistolaire ; la femme enfin n'est qu'*un ap-*

[1] C'était à l'époque du Choléra, j'étais Interne à l'hôpital des Cholériques ; je conviens que j'avais peur, aussi eussé-je aimé de pouvoir mourir en famille.

pareil à plaisir, une batterie jubilatoire, qui dégage du fluide voluptueux. Amen ».

XLI. *Avis essentiel.* J'ai relevé les erreurs de mon prochain en termes fort acerbes qui provoqueront nécessairement d'énergiques récriminations, dénégations, etc., auxquelles je ne serais pas embarrassé de répondre si on me laissait faire. Mais on connaît les procédés délicats de MM. du Journalisme : ils ouvrent leurs colonnes au puissant et les ferment au faible, ou s'ils laissent à celui-ci quelques lignes, ils tronquent ou dénaturent ses argumens d'une manière perfide. Je préviens donc les gens de bonne foi, s'il y en a, que probablement je ne pourrai répondre à mes adversaires que dans le 2e Fascicule de mon livre. Et encore, connaîtrai-je les attaques qu'on aura portées contre moi, étant enfermé dans une bicoque où je ne lis pas les journaux : il faudrait pour cela m'y abonner, et mes moyens pécuniaires actuels ne me le permettent pas.—Que si on me demande pourquoi je n'ai pas réfuté en termes plus melliflus, voici : « Les individus victimés auraient méprisé, comme ils disent fort élégamment, les attaques d'un pauvre hère tel que moi : or le mépris est la chose du monde la moins digestible. La haine, oh! à la bonne heure, ce sera me faire beaucoup d'honneur : on ne hait que les puissans, et ce qu'on m'a contesté jusqu'ici, c'est la puissance ». — La Bibliothèque publique reçoit bien quelques journaux de Botanique, mais comme je me suis f.... du Bibliothécaire, il me refuserait les journaux, parcequ'il a le droit de donner ou de refuser les livres : c'est-à-dire non il n'a pas le droit, mais c'est tout comme. J'irais me plaindre au Maire de la ville que son Bibliothécaire m'a envoyé faire-l'en-l'air, le Maire me dirait « Mais monsieur, vous vous êtes f... de mon Bibliothécaire.... » D'ailleurs, il ne faut pas songer à se plaindre aux Autorités de Nancy, elles vous reçoivent absolument comme un chien dans un jeu de quilles.

L'homme du Jardin Botanique m'avait fait une scène pendable : je vas m'en plaindre à la mairie. Je trouve là un grand sacré-chien de Commissaire-de-police qui, au lieu d'écouter ma plainte, se met à m'insulter, à me faire souffrir toutes les injures des 4 saisons. Comme il était dans l'exercice de ses fonctions, je ne voulus pas donner à ce Monsieur le plaisir de me faire coffrer, je pris le parti de filer doux, et de me donner de l'air et du vent. Rentré chez moi, j'écris à M. le maire que je ne reconnais pas à un Argousin le droit de vexer un honnête homme impunément, que ce Monsieur en m'insultant était tout-à-fait hors de ses fonctions, puisque nul n'a le droit d'insulte, et je demande à M. le Maire l'autorisation de faire allonger M. l'Argousin. Un adjoint du Maire me répond qu'effectivement personne n'avait le droit de m'insulter, que si on l'a fait, il en est on ne peut pas plus fâché, mais que le Commissaire *assure* qu'il a été extrêmement poli envers moi (comment diable est-il donc quand il n'est pas poli ?). M. l'Adjoint m'ayant assuré que les oreilles m'avaient corné et que j'avais vu double, que j'avais cru entendre ce que j'avais vu et cru voir ce que j'avais entendu, l'explication était certes très-satisfesante, dès-lors mon honneur pouvait s'endormir sur les 2 oreilles, et comme il faut que, dans une société bien organisée, force reste toujours à la loi et raison à la police, je ne jugeai pas à propos de me faire mettre à l'ombre, et pour ce m'abstins-je de toute démarche ultérieure: pour toute vengeance, je fus réduit à poser mon casque-à-mèche de travers sur une oreille, et à siffler l'air « A coups de pied, à coups de poings ». Faites donc une révolution ! nommez donc vos magistrats !—Du diable si les Autorités m'y rattrapent! il fera chaud quand j'irai me plaindre, à présent! Dernièrement à la Pépinière, en plein jour, j'ai été assailli par une Gouine ivre ou folle, je ne sais lequel, j'ai ma foi failli être battu : de mon côté je n'ai pas voulu la rosser, parcequ'alors la police n'aurait pas manqué de me mettre la main sur le collet : « Il ne faut pas se faire justice soi-même », elle a toujours de fameuses raisons, la police: je ne me suis pas fait justice, mais que le tonnerre m'écrase si je vas troubler les Autorités dans leur sommeil. On me tuerait, à présent, que je ne me plaindrais pas.

Apologie de la Police. Puisque j'ai parlé de la Police, je veux profiter de l'occasion pour émettre quelques idées à moi sur la matière. On ne saurait nier que généralement cette profession, si elle n'est pas méprisée précisément, est du moins peu considérée. Eh bien cela est aussi injuste que préjudiciable à la Société : injuste, car il n'est pas plus déshonorant d'arrêter les malfaiteurs que de les juger, et aux yeux de la raison, la Police est tout aussi honorable que la Magistrature. D'ailleurs on peut poser en principe que toute fonction utile à la Société est honorable, et qu'elle est d'autant plus honorable qu'elle est plus utile. Or je le demande, y a-t-il une chose plus importante qu'une Police bien faite? c'est elle qui veille sur notre vie et sur notre fortune. Il est aussi de la plus haute importance que la Police soit exercée par des hommes environnés de l'estime publique, la Police qui peut d'un instant à l'autre tenir entre ses mains la vie, la fortune et l'honneur des citoyens. Or en règle générale et sans exception, si vous voulez avoir des fonctionnaires estimables, estimez la fonction. — L'Autorité devrait exiger dans ces fonctionnaires des formes polies, ce qui n'a pas toujours lieu maintenant. Mon Commissaire, par exemple, m'a traité à plusieurs reprises d'*homme sans éducation;* on conçoit qu'il est fort dur de s'entendre dire de telles crudités par un homme qui se retranche derrière l'*Exercice de ses fonctions* quand on lui demande satisfaction. Si M. l'Adjoint m'avait répondu : « J'admets comme vraies vos plaintes contre le Commissaire, et je l'ai dûment vitupéré », je me serais trouvé satisfait. Mais il me répond : « Le Commissaire nie ; cependant *si* vos plaintes sont fondées, j'en suis marri ». Pour quelqu'un qui connaît la valeur des Conjonctions, la satisfaction est peu satisfesante. Pour que je pusse me croire satisfait, il fallait que l'Autorité admît la réalité de mes griefs, et me certifiât que le Commissaire avait été blâmé. Mais je suis si microscopique, que décemment l'Autorité ne peut pas me donner ouvertement raison contre un Fonctionnaire quelconque.

XLII. *Appendix aux Drosera*, Article Orbassanique et outrecuidant. C'est avec répugnance que j'entre dans une carrière de lutte et de bataille, je ne demandais qu'à vivre en paix avec tout le monde ; j'étais de ma nature bien bon enfant, foncièrement candide et ne demandant qu'à aimer ; mais on m'a rendu méchant. Me voyant sensible et gauche, les hommes se sont fait un jeu de me mystifier, de me brusquer, ils s'amusaient à me tourner le dos et à me faire rentrer mes paroles dans le ventre. J'ai souffert long-temps sans mot dire comme un agneau, car alors je ne me connaissais pas. Mais à la fin tous ces mauvais traitemens m'ont fait monter la moutarde au nez. Quand j'ai senti les griffes pousser à mes nobles pattes, devenu un lion rugissant, j'en ai prévenu mes Connaissances : eux pouvaient encore me caresser pour que je leur fisse patte-de-velours. Ah bien oui, plus souvent !.. Qu'est-ce qu'ils ont fait, les scélérats ? ils se sont mis à me tirer par la queue, me disant comme à cette vilaine bête nommée Moineau : « Défends ta queue ». Ah ma foi je n'y tenais plus, ça devenait par trop vexatoire, j'ai sorti mes ongles, et j'ai raclé les omoplates à S., pincé les côtes à R., empoigné la cuisse à L., absolument en bête féroce, sans égard pour la renommée de ces Messieurs, comme si j'avais eu à mordre Jean-François, Pierrot ou Glaude-Jérôme, et je dis qu'il leur en cuira. C'est pas ma faute.

Voilà ma dernière dette payée [1]. A présent, si on veut

[1] Je croyais en effet, alors, que c'était ma dernière dette ; c'était bien

me traiter *en homme*, me donner les moyens de travail qui ne coûtent rien au donataire, à savoir, m'ouvrir libéralement les Jardins Publics, me faire des envois de Graines (franco), *me* prêter les livres qu'on ne prête pas *à tout le monde*, si mon interlocuteur veut me faire l'honneur de croire sans rechigner que je puis avoir quelquefois une opinion meilleure que la sienne, je serai, je le jure sur Koch, R. Brown et Rchb., sur DC. et Antoine-Laurent, je serai doux comme un mouton. Mais si on persiste à me donner dans les Jardins des Échantillons de garçon-herboriste, à me refuser les livres comme si j'avais les mains sales, si les Grands de la Science continuent à me recevoir avec cette dignité d'apothicaire, cet air qui n'est pas du tout de la dignité, mais tout bonnement une hauteur de parvenu, tout-à-fait inconvenante quand on parle à son égal, si enfin on me traite encore *en jeune-homme*, j'y mangerai plutôt ma dernière chemise. Et qu'on ne prenne pas cela pour une vaine menace, la fanfaronnade n'est pas du tout dans mon caractère : si je parle aussi franc, c'est que j'ai des armes prêtes. Il n'est aucun homme, tant célèbre soit-il, qui n'ait dans ses nombreux ouvrages, lâché un bon nombre de bévues pommées. De ces bévues, j'ai un arsenal assez bien garni, et qui se complète à mesure que mon érudition s'étend. Comme je ne suis pas assez riche à présent pour n'avoir besoin de personne, je garderai mes découvertes de bévues pour moi ou les releverai poliment en douceur, si les grands hommes veulent me donner aide et protection quand je me réclamerai d'eux. Notez encore que j'ai un instinct particulier pour trouver le défaut de la cuirasse la plus épaisse, que j'ai dans le style quelque chose d'effroyablement

si l'on veut, la dernière dette criante, mais en fouillant dans mes souvenirs, j'en ai retrouvé quelques petites, et j'ai voulu m'acquitter en débiteur loyal... O true apothecary !

incisif, et que mon ironie frappant toujours juste et fort est une arme qui tue quiconque aurait l'audace de me provoquer. *Je ne suis d'ailleurs pas assez pauvre pour qu'on puisse me prendre par la famine* (cette considération est assez capitale pour exiger les italiques, et je la recommande particulièrement à tous ces estimables gens qu'on appelle en général les hommes: je sais fort bien que beaucoup croiront pouvoir n'en pas tenir compte,—ils s'y trouveront pincés.) Je ne désire pas faire usage de mon arme à l'avenir; cette brochure montre suffisamment que je la possède et bien affilée; mon tempérament a besoin d'émotions douces: je suis de plus invinciblement entraîné par ma nature à un enthousiasme ardent et froid, électrique et raisonné tout à la fois pour les hommes de génie. S'ils veulent me donner une petite place dans leurs rangs, ils me trouveront toujours prêt à pulvériser les sottes critiques de la médiocrité envieuse, à confondre ces imbéciles qui proclament absurde tout ce qu'ils ne peuvent comprendre: toujours ma voix retentira pour saluer le génie à son lever, pour le soutenir de mes sympathies dans sa course difficile, pour le venger dans ses désastres. Mais il faut que les Matadors de la Science se décident enfin à ouvrir les yeux sur mon compte, à ne pas attendre que j'aie fait une Flore d'Europe pour me croire capable de faire une Flore des Vosges, et une Flore qui vaille un peu mieux que les mauvaises plaisanteries de MM. tells et tells. Celui qui a fait 10 Espèces peut en faire 1,000, celui qui étudie bien 2 Espèces peut donner sa vraie place à une Famille, celui qui a judicieusement observé les particularités s'élèvera bien certainement aux plus hautes généralités quand il aura les matériaux nécessaires. Une chose qui m'a toujours surpris, pour ne pas dire étonné, c'est le préjugé de l'âge. On dirait, à entendre le monde, que le génie n'est pas possible avant 50 ans: et si pourtant on se donnait la peine d'observer, on verrait que celui qui est bête à 25 ans reste bête sa vie durant ; si on lisait attentivement l'histoire des Sciences, on verrait que tous les hommes célèbres ont vécu toute leur vie sur les idées qui avaient germé dans leur cervelle entre 20 et 25 ans. Avant 20 ans, certainement tout homme est jeune-homme, mais à 25, la cervelle a acquis toute sa densité, le jugement toute sa sûreté, l'imagination toute son étendue : dans les cinq années où j'ai circonscrit la virilisation, l'homme a appris assez de Faits pour déterminer la route de sa vie entière, pour reconnaître le sentier qui doit le mener à la gloire s'il doit se rendre glorieux. Que donc les Savans reconnus cessent de se récrier si fort et si incivilement quand je me crois capable de m'élever à une hauteur voisine de la leur. Il m'est vraiment impossible de ne pas me trouver une singulière aptitude aux Sciences d'Observation : dès mes premières herborisations, mon coup d'œil me fesait distinguer les Espèces qui échappaient à des Botanistes exercés ; aujourd'hui, il m'arrive presque toujours, quand j'étudie comparativement 2 Plantes sans livre, de trouver tous les Caractères distinctifs signalés par les meilleurs auteurs, Koch et Gaudin par exemple, et d'en trouver qui ont été oubliés par tous les descripteurs. Il ne peut y avoir là d'illusion d'amour-propre: ce sont des Faits trop clairs, je les vois aussi exactement se passer en moi que je les verrais se passer chez un autre. Là-dessus on ne va pas manquer de crier à l'orgueil. Soit : il est Corps-Dieu bien facile d'être modeste quand tout le monde reconnaît votre mérite ; à quoi bon se pavaner quand tout le monde vous encense ? il faudrait être archi-sot pour indisposer des gens si bien disposés pour vous. Mais quand je me vois regarder de haut en bas (*despicere*) par des hommes qui sont tout au plus mes égaux, par ces gens qui, sans être de grands Botanistes, sont de bons Botanistes, qui par conséquent ont assez d'intelligence pour m'aprécier s'ils le voulaient ; quand je me vois jalousé et brutalisé par des médiocrités qui ne parviendront jamais à distinguer 2 Espèces sans livre, ma foi la patience échappe, à la fin. La seule manière de montrer ce que je vaux à un bon Botaniste, c'est de lui faire voir que j'ai mieux vu que lui dans un cas où il croyait avoir très-bien vu; la seule manière de montrer à un Botaniste-Jambier que je ne suis pas de sa farine, c'est de lui faire toucher du doigt qu'il n'a rien vu du tout, et quand dans 50 cas je lui ai montré qu'il n'avait rien vu du tout, il devrait naturellement conclure qu'il ne verra jamais rien, et ne pas venir me dire effrontément: « Je n'ai *pas encore* étudié les Rubus ». Et le bon Botaniste me dira tout simplement que j'en ai menti et me fera défendre sa porte! et le Botaniste-Jambier pourra me dire que j'ai la berlue, que je suis un présomptueux de prétendre voir ce qu'il ne voit pas! Cela n'est pas tolérable. Quant à ce dernier, qu'il se tranquillise, il n'est pas digne de ma colère et je ne l'attaquerai certes pas; mais le bon Botaniste qui ayant reconnu ma capacité refuse non-seulement de m'aider de l'épaule, mais encore essaie de m'étouffer! par la sang-bleu! c'est un imprudent. Je le foudroierai de mon verbe électrique, je l'écraserai comme une punaise, je le clouerai au gibet de ses plagiats et de ses crétinismes, je lui ferai maudire l'heure, le jour, et l'année où lui est venue sa sotte idée. Oui ma foi, pour peu qu'il me piquerait au jeu, je serais dans le cas de faire un livre pour éplucher son livre numéro par numéro, restituant à Koch, Rchb. etc. tout ce qui leur a été dérobé frauduleusement.

N. B. Pour l'instruction des races futures et dans l'intérêt de la critique littéraire, comme aussi pour éviter une peine aux feseurs de *clés* qui ne manquent jamais dans les petites villes, je dois dire que le Botaniste-Jambier n'est pas un Citoyen, mais bien un Type, une classe tout entière, et même assez nombreuse, la classe de ces braves gens (pas plus de Nancy ou de sa banlieue que des Départemens circonvoisins ou de Paris) qui ne peuvent pas se figurer qu'ayant un nez comme moi, 2 yeux comme moi, 32 dents comme moi dans la bouche, ne peuvent se figurer qu'ils ne sont et ne seront jamais que des Jeanjeans et que je suis ou serai un homme remarquable. Mon explication n'est pas dans le but de décliner les éventualités d'une Parade-à-poudre. Car d'abord, on ne se reconnaît pas dans un vilain portrait, et quand même on se reconnaîtrait, on se garderait fichtre bien de le lithographier et de l'expédier à ses amis et connaissances. De tous les originaux que j'ai fait défiler devant le lecteur, il n'y aurait guère que mon ex-maître qui pourrait me faire mettre flamberge au vent, parcequ'aussi faut-il convenir que je l'ai sabré, mais il méprisera, et puis il me revaudra cela tôt ou tard, quelque part ou ailleurs, en me jouant quelque bon tour de sournois. Car de lui, il n'y a pas de générosité à attendre.

XLIII. *Avis.* Beaucoup, en lisant nombre de mes Articles, diront : « Quelle Insolence ! quelle Impertinence ! » Et ce qui va bien plus étonner, c'est que j'accepte la première qualification, mais en repoussant la seconde de toutes mes forces. Le vulgaire, qui n'a pas médité sur les délicatesses du langage, a le grand tort de considérer ces 2 mots comme Synonymes. L'Insolence est, d'après son Etymologie, une Fierté inaccoutumée; l'homme de mérite méconnu peut s'en servir comme d'une arme pour apprendre à vivre ses égaux qui le repoussent. L'Impertinence est une Insolence dont l'Individu n'a pas droit d'user, une Insolence qui ne convient pas. Je dis à un jeune-homme: « Un tel, quelle est cette plante ? » « Je ne sais pas, Msieur ; » « Eh bien, c'est le *Senecio vulgaris ;* » « Pas possible ! Msieur : » voilà une Impertinence. Si un Botaniste jeune ou vieux, qui n'a jamais essayé de faire ce qu'on appelle *travailler un genre,* ou qui l'ayant essayé plusieurs fois n'a jamais pu y parvenir, si ce Botaniste vient me dire à propos d'un Genre très-difficile : « Je ne l'ai pas encore travaillé », à moi qu'il sait occupé de ce Genre depuis plusieurs années et sans succès, c'est encore une Impertinence que ce *pas encore* dans la bouche d'un homme qui n'a pas pu étudier les Genres faciles. Revenons aux jeunes-gens. Quoique je ne sois pas vieux, j'ai déjà pu m'apercevoir, et même à mes dépens, que la plupart commettent beaucoup d'Impertinences: oui les tout-jeunes-gens ont *généralement* l'esprit faux et le ton tranchant, et le discrédit qui s'attache à eux et à leurs paroles est très-fondé. Mais de ce que *la plupart* des jeunes-gens sont mauvais observateurs et ont d'eux-mêmes une très-haute opinion très-mal fondée, ce qui mène droit à l'Impertinence, est-il rationnel de conclure comme le font les hommes mûrs que *tous* les jeunes-gens qui tranchent sont Impertinens? Sur le grand nombre de tout-jeunes-gens que j'ai étudiés, j'en ai rencontré quelques-uns dont l'esprit était juste avant l'âge, et ceux-là ne m'ont jamais fait d'incongruité. Quand un adolescent a l'esprit observateur et qu'il s'est donné la peine d'observer, je ne vois pas pourquoi il tairait ses observations. Ainsi, moi qui avais observé pendant plusieurs années les Drosera, je me suis cru le droit de dire à M. Richard, qui les avait récoltés mécaniquement, je me suis cru le droit de lui dire : « Je les connais mieux que vous, parceque je les ai plus étudiés ». Si la civilité défend au jeune-homme de faire voir à ses maîtres les matières où il en sait plus qu'eux, l'infortuné qui a reçu le génie de l'observation n'a d'autre avenir qu'une charge de poudre et la culasse d'un pistolet, car il sera molesté en raison directe de son mérite. — On peut me répondre que ce travers est dans la nature de l'homme, que ce Bipède est bâti de manière à n'avoir pas le courage de dire à un autre : « Ton idée vaut mieux que la mienne ». Et en effet, la nomenclature Linnéenne a été fort mal accueillie par tous les Matadors de l'époque; Linné est mort sans avoir eu la joie de voir adopter ses noms par le Grand Haller. N'avons-nous pas vu de nos jours de grandes nations mettre un ignoble entêtement à repousser les Familles Naturelles? Les choses vont de même du grand au petit, le plus mince Professeur ne veut pas qu'un élève voie un poil de plus que lui. — J'avoue que c'est vrai, mais c'est fâcheux, car tant que les hommes faits seront aveugles, les jeunes-gens seront Insolens. Je dis même plus, c'est qu'il ne faut pas l'être à demi : l'observation m'a appris qu'on ne vous tenait aucun compte des ménagemens (on dit que vous avez voulu offenser, mais que vous n'avez pas même pu) ; une fois que vous avez relevé une bévue d'un homme, quelle que soit la blancheur de vos gants, c'est un ennemi mortel que vous avez. Si donc vous avez frappé juste, il faut frapper fort, car on vous craindra : j'établis en principe que quand on se décide à attaquer, il faut tuer raide. — Pour conclure ma Divagation Synonymique, je dis devant Dieu et devant les hommes : J'ai tâché toute ma vie d'éviter le reproche d'Impertinence ; je raconte avec détail ceux de mes actes où nonobstant on m'a appliqué cette qualification, et je crois en mon âme et conscience avoir prouvé radicalement qu'on a eu tort de me l'appliquer.

Je ne veux pas quitter la matière sans relever comme elle le mérite une singulière contre-vérité qui a cours parmi les hommes: la modestie, dit-on universellement, est indispensable au jeune-homme, l'orgueil est intolérable dans un jeune-homme. L'orgueil chez l'homme mûr et le vieillard, dit-on encore, est au moins excusable. Peut-on voir un plus abominable renversement des lois de la logique? Quoi! l'homme à qui l'expérience a dû procurer les moyens et les occasions de s'apprécier lui et les autres pourra impunément se pavaner, se donner sans choquer personne les galons les moins mérités, et le jeune-homme sans expérience, ballotté sans aucune ancre au tourbillon des passions ardentes, aveuglantes, sera tenu, sous peine d'expulsion sociale, de se juger froidement lui et les autres, bien plus, de dissimuler son mérite, de se prosterner devant des médiocrités qui n'ont sur lui d'autre avantage que la noirceur du poil? Mais par qui sont articulés ces 2 paradoxes? par des hommes mûrs, parlant à qui? à des jeunes-gens,—donc par des hommes juges dans leur propre cause. C'est par trop niais, et rappelle ces pères de famille, qui, pour se réserver le monopole des bons morceaux, prêchent la frugalité à leurs enfans. Je rédige ainsi la maxime : La présomption est déplacée à tout âge, mais elle est excusable dans le jeune-homme, et elle est d'autant plus condamnable que l'homme est plus âgé.

XLIV. Le commun des Botanistes s'imagine, vulgaire fretin, que *Ovale* et *Elliptique* sont synonymes. Point: c'était p't'être bon dans le bon temps du bon Linné, mais nous avons changé tout ça; au siècle des chemins-de-fer mobiles, que dis-je? portatifs, des chemins-de-fer de poche, il eût été fort indécent de laisser un tel abus de synonymes subsister au pays de Synonymie. L'époque doit nécessairement progresser; il fallait tout absolument que nous progressassions, nous progresserons, car morbleu (Berniquet nous en a prévenus), si nous ne progressions pas, il faudrait dire pourquoi nous ne progressons point: progressons donc. L'*Ellipse* a le ventre plat, plat comme un ventre de Patriote, c'est-à-dire que le point le plus large est à peine plus large que le reste de la Figure: l'*Ovale* a un ventre de Centripète, de Député, c. à. d. que le point le plus large l'est beaucoup plus que les extrémités. Dans *Ovale*, le maximum de largeur est au milieu; dans *Ové*, au-dessous du milieu, et dans *Obové*, au-dessus. Tenez-vous le ventre libre.

XLV. Réflexions quellesqueconques arrangées en Trilogie.

1. A l'exemple des Anguilles du Département de Seine-et-Marne, je hurle comme un âne avant d'être écorché jusqu'à la fourchette. Mais je brais dans le désert, les hommes sont trop durs à cuire pour que j'espère les attendrir. On n'est jamais malheureux que par sa faute, vous disent-ils, ce qui se traduit en

langue Franche : On a toujours tort d'être malheureux. Aussi ce que je fais est uniquement pour l'acquit de ma conscience : je me suis laissé dire qu'on devait faire sa Faction au Poste de cette terre tant qu'on pouvait y être utile, et je ne veux rien avoir à me reprocher. Si je ne réussis pas auprès de Messeigneurs les Savans, ma foi je donne ma démission, la Botanique s'en tirera comme elle pourra. Je dis donc que.

2. Si les gens non Botanistes avaient un Grain de Jugement et un Scrupule d'Humanité, ils verraient qu'il est important pour la Science que j'aie beaucoup de matériaux, et ils s'empresseraient de me donner ou de me céder à bon compte tous les Bouquins de Botanique qu'ils peuvent avoir. Des Livres de Botanique leur sont fort inutiles ; mais du moment que ces livres peuvent me servir, les gens se feraient un cas de conscience de les lâcher. Ayant appris par hasard qu'un Juge d'Instruction !!! détenait un Morison, je cours chez lui, je lui propose la vente ou l'échange : « Échanger Morison ! s'écria-t-il, du ton qu'il aurait dit : « Manger l'herbe d'autrui !... Corbleu ! Morbleu ! Sacrebleu ! » — Les Botanistes écrivains devraient à coup sûr m'envoyer leurs opuscules, Mirbel son Mémoire sur l'Ovule, R. Brown son travail sur les Asclepias et Orchis, DC. son Prodrome, oh non le Prodrome ! ce serait un cadeau trop épiscopal, je l'achèterai, mais ses pochades, Mémoires, Comptes-rendus, etc., il en fait en diable et demi. — Ah que je t'en fous-t-il Minette ! ils me les souhaitent. R. Brown par exemple! (ces b.... d'Anglais sont aristocrates comme le tonnerre de Dieu) qui se donne le ton de n'imprimer que pour ses amis; sa découverte de phénomènes génitaux vient de faire une révolution, eh bien quiconque n'est pas de ses amis n'est pas digne de la connaître, l'ouvrage ne se vend pas. Je vois d'ici l'illustre Robert se retournant au murmure de ma voix outrecuidante, me regarder (*despicere*) du coin de son binocle et dire : « Quéq'

c'est que ce cadet-là, *What*' s that fellow ». La Tamise mourra d'une rétention d'urine (la figure est vraiment cynique), le Tunnel sera parachevé, et le Quartz des cailloux deviendra soluble dans l'eau claire avant que je possède les 2 Mémoires Browniens et leur Appendix, avant même que je reçoive le moindre présent d'Outre-Manche. — Les Individus qui ont des Plantes à en revendre devraient incontestablement se faire une joie de m'en communiquer, car certes un *jeune-homme* qui dans *une* année, apprend l'Allemand sans maître et la Botanique, rapprend le Latin, déménage trois fois, se trouve en butte à d'ignobles et incessantes tracasseries de famille avec une sensibilité Rousseausienne; qui possesseur d'une fierté Britannique, ne reçoit que rebuffades de ses égaux et les coups de pied des derniers des ânes, un jeune-homme qui, entouré de circonstances aussi débilitantes, aussi déprimantes, trouve dans une année 10 plantes nouvelles, ce jeune-homme là,.... je suis fâché de le dire parceque c'est moi, mais Pomme-de-terre! ce jeune-homme-là promet. — Les détenteurs des richesses enfouies dans les Jardins n'auraient qu'à intimer un ordre à leurs gredins de jardiniers pour que je sois là comme chez moi.... ils s'en garderont bien, les Jean-Sucres. Et les Collecteurs de Plantes spontanées m'enverront des Amens par la poste, avec leur bénédiction pour peu que j'y tienne.

3. Encore Soyer, Guerre à mort. J'avais reçu de Bretagne, mêlée au *Glaux*, une petite plante qui ne me semble pas dans le Botanicon Gallicum, et je l'avais portée à Soyer pour qu'il voulût bien la déterminer.... mais non pas la chipper. Il y a de cela par trop long-temps, et l'éternité de la Détermination commence à m'embêter. — J'ai pour principe que les matériaux doivent convoler aux mains des plus habiles, et si je croyais rester mâchoire, je laisserais ma plante à S. Examinons : je confesse que pour le présent, S. sait plus que moi; mais d'après ce que

j'ai fait dans cette année-ci, je sens que je serai aussi savant que lui dans 2 ans, et j'aurai 20 ou 15 ans de moins. Or, il est incontestable que de deux individus qui ont la même dose de science, c'est le plus jeune qui promet à la Science les plus belles Poires. Donc je suis conséquent à mes principes en redemandant mon bien à S. Je lui donne ici l'assurance que s'il ne me rend pas mes 2 échantillons, à la première bamboche que j'imprime, j'achèverai le vers de Boileau « J'appelle un chat un chat.... » et b....l d. D., gare mon auxiliaire la Mesure! Ou bien peut-être le citerai-je au Juge-de-Paix. — J'avais offert à S., comme je ne sais plus quel Romain, la paix ou la guerre dans les pans de ma redingote : voulez-vous la paix, procurez-moi des bouquins et donnez-moi un quart d'heure par semaine de votre instructive conversation ; moi, je ne dis pas ce que je vous rendrai, mais je garantis que vous n'y perdrez pas. Il n'a pas choisi la paix : voici un de ses procédés. Voyant à la vente du Général Villatte une magnifique Flore Espagnole à vil prix, il l'achète pour M., comptant faire plaisir et jubilation à celui-ci. Mais M. qui ne rêve plus qu'assolemens, plantations rationnelles de pommes-de-terre, défrichemens, perfectionnemens quelconques de l'agriculture, refusa la Flore. S. ne s'en souciait pas pour lui-même ni pour la bibliothèque (il est bibliothécaire, et l'Autorité qui apprécie ses lumières lui laisse carte blanche), vu que primo la Flore est en Espagnol et que secondo il n'y a pas de Botanistes à Nancy. Il se trouvait donc embarrassé de son livre : à peine eus-je témoigné le désir de l'acquérir, la bibliothèque ne put plus s'en passer, et le livre fut enregistré sur-le-champ au catalogue. Tout marri de cette malice, je cours à ......; je ne sais pourquoi, dans ce moment, M. paraissait me porter un grand intérêt, je le supplie de faire à sa conscience le sacrifice d'un petit mensonge, de dire qu'il s'est ravisé, qu'il désire le livre; il consent à tout, fait la course, vient à la ville exprès, et demande; mais S. voit ma finesse et nous assomme de son arme antiphilistine : « Le livre est inscrit, et le règlement, etc. » Autre procédé. En novembre 1834, l'intérêt que me témoignait M. me donnait grand espoir d'hériter prochainement de ses journaux Français et Allemands : M. s'absente tout l'hiver, et n'ayant rien à lui écrire, je ne lui écris pas, ainsi ce n'est pas moi-même qui me suis nui dans son esprit. Quand il revint, je m'aperçus que j'avais perdu son amitié ; n'espérant plus avoir les journaux en don, j'en offre un prix raisonnable ou des livres en échange,... rien ne réussit : les journaux défilent par le flanc gauche vers la bibliothèque. Que diable y feront-ils ? des journaux Allemands ! une Flore en Espagnol ! et même des journaux Français ! Après M. et S., nous sommes à Nancy 2 Botanistes, Suard et moi : car je ne compte pas nos 2 Professeurs, qui professent la Botanique pour les sonnettes qu'elle leur vaut ; M. Braconnot est d'une assez belle force (pour un Professeur, s'entend), mais on ne peut pas l'appeler Botaniste, c'est pour lui une Bagatelle-de-la-porte, et pas une Science ; lui en parle-t-on avec enthousiasme, il rit d'un fou rire. (Véritablement si Br. était philantrope, il se démettrait de sa place en ma faveur ; les 600 fr. qu'elle rapporte me serviraient à acheter des livres d'Allemagne, et avec le Jardin j'expérimenterais les Espèces du pays et celles de l'Europe moyenne ; en outre, je crois que mon enthousiasme serait contagieux, je saurais faire voir que la Botanique n'est pas une *Science de mots*, qu'il y a moyen de voir de hautes idées philosophiques dans les plus petits détails ; bref je ne serais pas soporifique et je ferais des élèves..... ah que je t'en fous-t-il Minette, va-t-en voir s'ils viennent, Jean !) Quant à l'autre Professeur, il prend les Séneçons pour des Crucifères. Je disais que nous sommes à Nancy 2 Botanistes, Suard et moi : et ni moi ni Suard ne voulons pas aller lire à la Bibliothèque.—Ce qui m'a fait le plus de peine n'a pas été de voir les journaux défiler par le flanc gauche et me passer devant le bec ; mais c'est ceci : le seul homme à l'amitié de qui je tenais, le seul dont l'amitié pouvait me tirer de la crasse, puisqu'il a l'âme grande, un bon cœur et une grande fortune, S. me l'enlève, le retourne contre moi, me prive de mon seul appui. On peut m'objecter que je n'ai pas de preuves matérielles du méfait de S.: c'est vrai, mais je voudrais être aussi sûr d'être acheté demain 2 millions [1], que je suis moralement sûr que c'est S. qui m'a perdu dans l'esprit de M. Après des saletés pareilles, je suis forcé de secouer le pan guerrier de ma redingote; et puisqu'on m'attaque avec de la boue, je me défendrai avec de la m.... Il est aisé de concevoir pourquoi S. me veut du mal: S. fait toutes sortes de choses et ne peut conséquemment donner que très-peu de temps à la Botanique, c'est un *Botaniste de cabinet* dans toute la force du terme, mais il a eu jusqu'ici le monopole de l'érudition, les borgnes étant des Lynx dans la république des aveugles : encore faut-il que ses recherches d'érudition ne lui prennent pas beaucoup de temps, puisque c'est Monsieur de 36,000 affaires. Or il voit bien que si j'emploie mes jours à observer en plains champs et mes nuits à étudier les livres, je l'aurai bien vite dépassé en érudition, et que mes études sur la verte nature me placeront à une hauteur incommensurable au-dessus de lui. Il est fort dur, après avoir été toute sa vie le 1er dans sa bicoque, de se voir damer le pion par un *jeune-homme*. Il a trouvé très-commode de me couper les victuailles intellectuelles, et comme il est puissant par son activité, ses relations, et disons-le aussi, par l'influence que lui donnent ses connaissances aussi étendues que variées, il y a réussi. Je lui disais l'automne dernier (1834) que si les obstacles continuaient

1 Je ne conçois pas pourquoi on méprise les gens qui se vendent, moi je les estime, surtout ceux qui se vendent cher, ce sont des hommes qui ont compris leur époque, compris le siècle !

toujours à me barrer le chemin, mon projet était de m'administrer une dose de poudre en détonation ; il m'a répondu fort tranquillement : « Je m'en suis toujours douté ». Un autre m'aurait dit : « Non, ne vous tuez pas; on verra bientôt votre mérite, on vous aidera ; moi-même je ferai pour vous mon possible, mes livres et mon herbier sont à votre service, je parlerai de vous, je vous ferai connaître, etc. ». Mais non, il me dit, lui, tout simplement : « Vous ne feriez pas mal ; votre position est dure, en effet ; vous avez des moyens intellectuels, trop peu de pécuniaires ; vous êtes sans appui, sans encouragemens, ce ne sera certes pas moi qui vous en donnerai (pourquoi est-ce que je vous en donnerais, puisque je n'en donne à personne) ; vous avez dans le caractère cette fierté qui convient à tout honnête homme, vous ne réussirez pas dans ce monde, il faut être plat pour réussir, plat comme une punaise ; et ma foi tuez-vous, je ne vous ai jamais vu d'autre avenir ». Oh je suis bien convaincu que cela ne lui ferait aucune peine. Ce brave homme aime infiniment mieux voir les circonvolutions de ma cervelle dessiner leurs arabesques capricieuses au plafond de ma chambre, que de se trouver mon inférieur en science. Et il faut en convenir, ce sentiment, quoiqu'un peu Turc et même Algonquin, est assez naturel : les hommes mûrs ne supportent pas l'idée de se voir dépasser par les jeunes-gens, « et ma foi périssent plutôt tous les jeunes-gens du monde que leur position sociale-intellectuelle ». C'est naturel, on ne peut pas le nier. On a beau être dans une Bicoque, c'est toujours quelque chose que d'être le premier Botaniste de sa Bicoque : à Paris on peut être le second, même le troisième, et rester encore quelque chose ; mais le second dans une Bicoque, c'est un zéro. Or vois, *Candide lector*, Lecteur bon-enfant, quelle triste figure S. ne serait-il pas réduit à faire si je lui démontre que son *Pulmonaria angustifolia* est la *Pulmonaire aux larges feuilles* par excellence, que son *Me-*

lilotus Kochiana est l'*Officinalis*. Si je dis que son *Fragaria calycina* est l'*Elatior*, qu'il ne connaît pas le *Sonchus oleraceus* puisqu'il le confond avec le *Fallax*, quel camouflet! J'ai fait toucher au doigt que son Travail sur les Valérianelles est un Plagiat-Cube, que les *nombreux échantillons* (p. 141 de son livre) de *Teesdalia lepidium* observés par lui à Morteau sont des *T. iberis* observés dans le cabinet; tout cela peut être fort avantageux à la Science, mais pour lui, c'est embêtant. Dire que sa Note sur le *Senecio Sarracenicus* (p. 158) est un galimathias double à désopiler la rate, cela désopilera celle des autres, mais opilera fortement la sienne. Si je lui rappelle qu'il n'a pas voulu à toute force distinguer le *Polygala serpyllacea* par moi rapporté des Vosges et à lui communiqué, ce Polygala le plus distinct du *Vulgaris*, Espèce qui crie le divorce tellement haut que Spenner, le plus enragé des réunisseurs, a cru devoir accorder la demande reconventionnelle; si je lui rappelle qu'il n'a pas voulu distinguer le *Drosera obovata* dans les mêmes circonstances; si je lui apprends que son *Circœa Lutet. β glabra* n'est pas l'*Intermedia* d'Ehrhart, mais une Espèce non décrite que je baptiserai *C. Hussenotiana* [1] quand je serai arrivé à cette famille;—il est évident que tout cela ne peut que lui être fort désagréable, et doit jeter du froid entre nous. Nous ne pouvons être amis, nous ne pouvons pas nous vivre indifférens l'autre à l'un ni l'un à l'autre; il faut donc être ennemis, et tonnerre! mieux vaut, guerre pour guerre, une guerre ouverte que des hostilités sourdes. Moi, j'ai fait feu de babord et

[1] Si j'attendais l'immortalité de mes Confrères, ils me feraient attendre 2 ou 3 vies cette galanterie. Diffère du *Lutetiana* par sa glabréité, ses feuilles membraneuses, de l'*Intermedia* par ses feuilles entières, non cordées; la tige est toujours simple... en attendant les autres Caractères. La localité classique est au Bois-de-Faux-Remréville; je l'ai de Commercy, et je l'ai vue de Bitche.

de tribord, de toutes les gueules de mes canons, — j'attends bravement la riposte, *impavidus*, sans v....r; mes culottes sont encore nettes, et j'espère bien contracter si énergiquement mon Spincter, que quoi qu'il advienne, mes culottes resteront propres.

XLVI. Analyse chimique du Cœur humain. — Le Corps humain ou l'Homme physique est, au dire de la Chimie, constitué principalement par 4 élémens : oxigène, hydrogène, carbone, azote. Le Cœur humain ou l'Homme moral a été déjà bien des fois étudié; philosophes, poètes, savans, écrivains de tout siècle et de tous pays y ont prodigué leur huile et leur peine, et je ne vois aucune analyse qui me satisfasse pleinement. C'est cependant la chose la plus simple et la moins complexe, que le Cœur humain. J'ai, à mes momens perdus, analysé scrupuleusement tous les cœurs humains que j'ai pu me procurer. D'abord je rince convenablement la substance pour la dépouiller de toutes les pommades, onguents, parfums, aromates dont chacun croit devoir s'oindre et se graisser pour en masquer l'odeur naturelle, pour en déguiser la composition et dérouter les Chimistes. Quand j'ai lavé à grande eau chaude et froide, éthérée et alcoholisée, aiguisée d'acide puis d'alcali, quand j'ai enlevé toutes les matières étrangères de toute sorte qui lui formaient comme une épaisse cuirasse de vernis, alors la substance dégage une forte odeur de corruption *sui generis*, un composé très-nauséadond de m.... et de charogne, qui donne de fortes envies de vomir et qui provoque même le vomissement si on a l'imprudence d'exposer trop long-temps ses nerfs olfactifs à ces dégoûtantes émanations. Les autres propriétés physiques sont d'être noire comme de l'encre, d'un aspect carcinomateux, cancéreux; la substance se réduit par la moindre pression en un putrilage aussi hideux à voir qu'à flairer. Pour arriver à la composition intime ou moléculaire, j'allume mon fourneau, je mets mon Cœur humain dans une éprouvette et je le calcine. La composition ne varie pas, ni pour les élémens ni pour les proportions de ces élémens; voici le résultat fourni par toutes et chacune de mes Analyses, résultat constant, toujours le même, toujours identique quel qu'eût été le mode d'expérimentation :

Égoïsme............	0,25.
Orgueil............	0,25.
Envie..............	0,25.
Lâcheté............	0,25.
Total...........	1,00.

De par ma Chimie donc, le Cœur humain lavé, incinéré, porphyrisé, c'est $\frac{1}{4}$ d'Égoïsme, $\frac{1}{4}$ d'Orgueil, $\frac{1}{4}$ d'Envie et $\frac{1}{4}$ de Lâcheté. Ces 4 quarts-là, cette unité divisée en 4 vices, c'est le Cœur humain, le Cœur humain universel, jeune ou vieux, mâle et femelle. Il y a cependant pour ce dernier une petite restriction à faire; il y a un certain Cœur humain qu'on ne peut pas faire directement et rigoureusement ressortir de la loi fangeuse, c'est le cœur de la carogne qui nous aime. Envers les autres, elle ne vaut pas un Pfening mieux que les autres, mais pour nous, elle se ferait pendre, elle se ferait tuer. Il ne faut pas lui en avoir déjà tant d'obligations, car je l'ai dit, envers le reste du monde, elle est et demeure carogne; elle nous aime par instinct, irrésistiblement, comme notre caniche, qui se jette à l'eau pour nous suivre sans savoir s'il sait nager.

Commentons brièvement les 4 Élémens établis par nous comme constitutifs du Moral de l'Homme.—L'Égoïsme, c'est l'instinct qui nous pousse à nous faire beaucoup de bien sans s'inquiéter que cela fasse mal à d'autres [1]; qui nous stimule à allumer la

[1] Exemples. Un homme lit un Roman (de son Cabinet de Lecture), il est pris d'un certain besoin, il arrache les 3 dernières pages qu'il vient de lire : qué q'ça lui fait? il les a lues; et il retrouve d'autant plus facilement l'endroit où il a suspendu sa lecture. Un homme va à une vente de livres,

baraque de notre voisin pour cuire notre œuf, si la morale du Code Pénal n'était là devant nous omniprésente comme une réflexion à deux pieds sans plumes : c'est encore l'instinct qui nous fait flagorner les riches parcequ'ils dînent et font dîner ; qui nous fait fermer soigneusement notre porte à quiconque souffre, par la raison que la vue de la douleur est pénible.

L'Orgueil, c'est ce qui fait que nous nous trouvons tant d'esprit quand nous nous écoutons parler, que nous nous trouvons tant de dignité sur le visage et tant de grâce dans la démarche. Jamais homme, me disait un Campagnard de mes amis, moins bête que nombre d'Académiciens Lorrains, jamais homme n'a douté de sa Figure, de sa Tournure et de son Esprit. Mot profondément vrai ! Montrez-moi donc un individu qui se trouve la face ignoble et la cervelle obtuse ! Nous poussons tellement loin l'estime de nous-mêmes, que non-seulement nous rejetons toute opinion contraire à la nôtre (ce qui est bien naturel, bien pardonnable ; certes nul ne peut trouver mauvais que nous croyions voir plus juste que notre adversaire), mais que nous déclarons cette opinion absurde. Par là nous voulons dire que notre adversaire n'est pas conséquent avec lui-même, ou qu'il voit les Faits au rebours de ce qu'ils sont, en un mot que toute

quelque temps avant l'enchère, il met dans sa poche 2 tomes d'un ouvrage volumineux ; c'est un ouvrage dépareillé, personne ne s'en soucie, il obtient à vil prix un livre très-cher. — Naïveté qui n'a aucun rapport avec ce qui précède : Un vieux bonhomme avait une vive tendresse pour son père, son père meurt, on vend ses meubles, la vente monte, monte, monte comme l'eau du Déluge, tout se vend à poids d'or, le feu y est : le vieux bonhomme pleurait à chaudes larmes. « Qu'est-ce que vous avez donc, brave homme? » « Ah! si seulement mon pauv' père était ici pour voir comme son bien se vend bien! » P.... d. D., s'écria la reine, qui n'avait encore rien dit, quelle piété filiale ! Je sais des témoins oculaires, et les nommerais au besoin.

opinion contraire à la nôtre ne peut partir que d'un cerveau fêlé. C'est par le fait d'Orgueil que nous nous prévalons outrecuideusement de tous nos avantages physiques, moraux, sociaux, réels ou de convention, grands ou petits, petits ou microscopiques. Certes un homme de 25 ans n'est plus un enfant, il a le jugement formé alors ou il jugera mal toute sa vie; il a des notions littéraires aussi étendues qu'il en doit jamais avoir (à moins qu'il ne se fasse Littérateur de profession); il a une certaine connaissance des hommes et de la vie, suffisante au moins pour avoir une voix quelconque au chapitre, pour pouvoir placer un mot ou une opinion: mais je conviens toutefois que pour la plupart, c'est la partie faible, où ils ont une infériorité marquée sous l'homme qui a vécu. Eh bien, sur tout autre sujet, si l'homme de 25 ans se trouve parmi des hommes mûrs et que, par sa dialectique, il les ait acculés dans l'impasse de l'absurde, eh bien pas un homme mûr ne manquera de se tirer de là par une sale injure: « Mais vous n'avez pas le droit de parler, vous n'avez pas de barbe ». Le bel argument! vous pouvez pourtant bien vous tenir pour assuré que, le cas 50 fois avenant, l'argument vous sera 50 fois poussé. Dans une discussion quelconque, littéraire par exemple, ou de sciences spéculatives, le fonctionnaire se prévaudra de sa place, l'homme riche de ses écus, l'homme mûr de son âge. Le médecin qui s'est abruti 30 ans à potionner, l'avocat à plaidailler le pour et le contre, le juge à jugeailler, le notaire à griffonner des icelle et des susdit, tous ces gens-là croient mieux parler littérature que l'homme de 25 ans qui consacre ses nuits à cela depuis 8 ans.

L'Envie est cette inspiration de Satan qui nous fait rire quand malheur arrive à notre ami, parceque sans cela, disons-nous naïvement, il serait trop heureux; qui nous fait ricaner de l'amer quand du bien surgit à nos Connaissances; qui nous fait voir à regret notre condisciple s'élever à la célébrité. Cette dernière atrocité est beaucoup moins rare qu'on ne l'imaginerait, et voici comme. Il n'y a pas de jeune-homme de 18 ans ayant fait ses classes qui ne rêve la gloire : 3 ans après, il s'aperçoit qu'il n'est pas de la chair dont on fait les immortels, mais sans se l'avouer; puis il faut prendre un métier qui alimente la marmite. Eh bien il aime à se bercer toute sa vie sur ce dada qu'il aurait pu faire un grand homme s'il n'eût été forcé de travailler pour vivre, et alors, pour lui, tout jeune-homme qui s'élève à la gloire n'est qu'un enfant gâté de la Fortune, en laquelle lui-même n'a trouvé qu'une marâtre. La chose est vraie, la prétention fondée bien certainement pour beaucoup d'hommes restés obscurs, mais le drôle, le comique, le délicieux de l'affaire, c'est qu'il n'y a pas un niais, quand il a fait ses classes, qui ne s'imagine qu'il aurait pu faire un grand homme. Alors ils adoptent une tactique, c'est de dénigrer tout homme de mérite qui n'est pas un de ces Génies éblouissans, transcendans, évidens à crever les yeux; ils conspuent les Sciences d'Observation, la Botanique est une Science de mots, le Géologue est un casseur de pierres, le Chimiste un cuisinier, la Philologie est au-dessous d'eux, l'Érudition un enfantillage, la Traduction un métier de manœuvre: Si j'avais tant fait que de me livrer aux Sciences, vous disent-ils, j'aurais voulu être Cuvier ou rien.

Par Lâcheté, je n'entends pas ce qu'entend le vulgaire : il y a certainement bien peu d'hommes qui recevraient un soufflet sans se battre, et quand je reproche aux hommes leur Lâcheté, je n'entends pas la couardise poussée à l'ignominie. Mais je veux parler de la Lâcheté morale, lèpre, vermine, siphylis qui dévore et tue le peu de bons germes qui pouvaient se trouver à l'origine dans notre cœur. Le Lâche, pour moi, c'est l'homme qui n'ose pas donner hautement raison à un faible contre un puissant, quand il sait pertinemment que le puissant a tort; le Lâche, c'est celui qui n'ose pas dire le premier que le livre d'un inconnu est très-bon et que le livre d'un auteur célèbre est très-mauvais. Entendu de la sorte, combien connaissez-vous d'hommes qui ne soient pas Lâches ?

De tout cela résulte que.... voilà comme est bâti le Cœur humain, ignoble boutique, Corps-Dieu! sale cloaque, Ventre-Dieu!

Chacun est profondément convaincu que tous les hommes sensés pensent comme lui, et voici le raisonnement qu'il fait: Je pense bien, moi, incontestablement, ceux qui pensent autrement pensent donc mal, c'est clair.

Les hommes sont fiers d'avoir été bien malades.

Quand un désagrément arrive à quelqu'un, tout le monde rit, non parceque la chose est comique de soi, mais par la seule raison que la victime a été vexée.

Pour ne pas offenser les hommes, il faut leur parler comme si on leur supposait tous les défauts, toutes les petitesses: dans ma candeur enfantine, je leur parlais comme si ils avaient toutes les qualités, je les ai blessés tous.

Quand il s'agit de dire du mal de quelqu'un, tout le monde est d'accord, même ses intimes, — à moins pourtant qu'il n'y ait coterie. La coterie, c'est de l'égoïsme bien entendu : dans ce siècle-ci, la coterie est le sublime de l'intelligence et de la sensibilité.

On étranglerait plutôt un homme que de lui faire dire qu'un autre lui est supérieur sous un rapport quelconque.

Selon le monde, un Lâche, c'est quiconque n'est pas fort sur les armes.

Un richard se montre-t-il, l'assemblée prend un maintien vérécond.

Les choses honteuses ne se passent jamais par-devant notaire, mais elles peuvent se passer devant témoins: qu'un puissant vous ait joué un tour indigne, tel qui se souvient admirablement entre quatre-z-yeux, à savoir les vôtres et les siens, perd tout-à-coup la mémoire quand il s'agit de donner un témoiguage public.

Quand une poule est malade, la volaille la chasse à grands coups de bec ; si, dans le chenil, un chien fiévreux tombe de sa couchette, les autres se jettent sur lui et l'étranglent. Chez les hommes, la mauvaise santé est une cause de mépris public ; les malades sont des cagnards.

On s'imagine communément qu'un homme démonstratif est sensible : erreur, tous ces gens qui vous embrassent à vous étouffer sont extrêmement capricieux ; ils vous quittent un jour, comme ils vous ont pris la veille, sans motif.

J'étais bien jeune alors, et je venais de faire la conduite à un ami partant pour Paris : à quelques pas de là, il se retourne et m'adresse un dernier adieu ; moi je m'arrête, mais sans me retourner, il me reproche mon insensibilité.... je pleurais, et ne voulais pas montrer ma figure bête. Voilà comme les hommes jugent.

Un homme bâtit, il y met ses cinq sens de nature : Voyez le bon père, disent les gens, quelle peine il se donne pour ses enfans. — Croyez ça et buvez de l'eau ; il aime la bâtisse, et c'est si vrai, qu'il bâtira, dût-il ruiner sa famille.

La corruption du siècle est parvenue à ce point, que, pour maintenir la morale debout sur ses pattes, on est réduit à calomnier les assassins.

Moi, qué q'ça me fait d'être corrompu, je n'y tiens pas, il m'est totalement inférieur d'être pur ou d'être corrompu ; mais il m'importe beaucoup que mon voisin ne le soit pas : « La vertu est une belle chose, savez-vous, mon voisin ; tenez, je ne connais pas de meilleur système que le Système des Compensations ; ce n'est pas l'argent qui fait le bonheur, croyez-moi ; la jouissance la plus positive est encore une conscience nette ; ne volez jamais les diamans de notre voisine, et surtout ne me prenez pas un liard, mon voisin ».

La religion est un frein inappréciable aux mauvais penchans, cette salutaire conviction est aujourd'hui descendue jusque dans les dernières classes de la société; il n'est pas de savetier qui ne dise à qui veut l'entendre: « Il faut une religion pour le peuple ».

Bacon, le fondateur de la Science moderne, a établi ce grand principe que les Faits prouvent quelque chose.

L'Autorité Municipale de Nancy fait peindre sur les murs, avec ou sans fautes d'orthographe, des défenses de *déposer* ou *faire* des immondices : *déposer*, c'est poser avec la main, *faire*... je ne sais trop comment exprimer... enfin cela ne s'adresse pas aux bouches. Ce Synonyme n'est point un Crétinisme, mais une appréciation judicieuse des délicatesses de la langue.

Un mathématicien de ma connaissance prétendait que *patois* n'est pas Français : « *patoise*, disait-il, n'est pas nécessairement le féminin de *patois*; on peut dire ad libitum: *patoise*, *patoite* ou *patoie* ».

Pélet de Bonneville me dit un jour : « M. Mougeot a dit que vous séchiez les plantes comme un cochon », je l'ai remercié, et de cœur. J'aime à savoir ce qu'on pense de moi; je ne suis pas de ces niais qui s'imaginent être estimés de tout le monde: je sais fort bien que je ne suis estimé de personne, je jouis dans cette province de la même considération qu'un chien sans maître, et j'aime d'en avoir des preuves. Je ne suis estimé de personne, et j'en suis bien aise; car m'estimer, ce serait voir mon mérite et lui rendre hommage, ce serait montrer du jugement et de la noblesse d'âme : en ne m'estimant pas, au contraire, ils se montrent aveugles et jaloux; ils travaillent eux-mêmes à se mettre au-dessous de moi par le cœur et par l'esprit, puisque je les estime, moi, au moins sous certains rapports. Quant au compliment en lui-même, il ne me blesse mie; je n'ai jamais tenu à bien sécher les plantes, cette gloire de manœuvre ne m'a jamais souri. Pélet m'a retourné une demi-heure pour chercher à me persuader que j'étais vexé, ce qui n'a pas pris. Je ne sais pas si je me suis mépris sur les intentions de Pélet, mais il m'a semblé que son insistance voulait dire : « Je ne vous rapporte pas le propos parceque je sais que vous aimez à savoir ce qu'on pense de vous, mais bien parceque le procédé est généralement regardé comme malhonnête ».

La chose dont le célèbre Laplace était le plus fier n'était pas sa Méchanique Céleste, mais bien son titre de Marquis : nombre de gens s'étonnent de cela comme d'une bizarrerie inconcevable. Je ne m'en étonne pas du tout ; ce fait est tout bonnement une impertinence de parvenu, et il n'est guère de parvenu qui ne se donne la petite satisfaction d'être impertinent. Du reste, cette prétention de Laplace reposait sur un fond de vérité, sur l'observation de ce qui se passe dans le monde: qu'est-ce qui donne de la considération ? ce n'est pas la science, quelques rares individus considéreront un homme à cause de sa science, mais le grand nombre n'a de considération que pour la richesse, et Laplace pouvait dire avec raison : « Je suis considéré, non parceque je suis savant, mais parceque je suis riche, à présent ».

Dans le meilleur des mondes possibles, les peines nous viendront de nos mauvais penchans, et les jouissances de nos bonnes qualités, alors l'homme sera bien certainement vertueux ; dans le monde actuel, c'est tout différent, nos bonnes qualités ne nous attirent que des désagrémens, et nos mauvais penchans seuls nous amènent des jouissances. On finit toujours par se trouver mal d'avoir été désintéressé, généreux, dévoué : on se trouve toujours bien d'avoir été égoïste. Il m'est arrivé souvent de rendre hautement justice au mérite d'un camarade ou d'un autre homme quelconque, eh bien j'ai toujours eu lieu de m'en repentir ; le camarade ou l'homme quelconque n'a jamais manqué de s'imaginer que je le reconnaissais et proclamais supérieur à moi-même; toujours il a eu pour moi d'autant moins d'égards que je témoignais pour lui plus d'estime, et toutes les fois que mes sentimens pour lui se sont montés jusqu'à l'admiration, les siens sont descendus pour moi jusqu'au mépris. — J'ai le plus grand plaisir à faire du bien, malheureusement mon peu de consistance sociale m'en donne trop rarement la possibilité, mais enfin j'ai saisi aux cheveux toute occasion que j'ai pu trouver d'en faire.... j'ai toujours eu lieu de m'en repentir, toujours!

Les hommes se gardent bien de professer une haute estime pour les êtres exceptionnels qui ont et montrent des sentimens généreux, — ce serait reconnaître qu'eux-mêmes n'ont pas des sentimens pareils. Bien plus, ils sont animés envers ceux-là d'une insigne malveillance, d'une jalousie furieuse; l'homme voit avec déplaisir, avec haine tout ce qui le dépasse, en quoi que ce soit; il porte envie à qui est plus riche, il jalouse qui a plus d'esprit et de science, il haït qui est plus vertueux.

Nous n'avons d'amis sincères et dévoués que les maris des femmes que.......

L'homme mâle n'aime pas l'homme mâle, il n'a aucun plaisir à le voir, à l'entendre, à lui parler. Qu'est-ce qu'il faut à un homme? des femmes et de l'argent, après cela, rien; voilà pourquoi il va dans le monde, il va pêcher des femmes et des cliens. Quelle amitié pourrait-il ressentir pour un mâle? il ne voit en lui qu'un rival. Aussi vois-je tous les hommes supérieurs se fuir soigneusement comme 2 Électricités de même nom: chacun s'organise une séquelle d'idiots et de caillettes qui l'admirent toujours; — ainsi dans les Pampas de Buenos-ayres, chaque jeune étalon règne sur un troupeau de quelque 30 cavales. Une fois que ces b...-là se sont fait leur sérail, ils deviennent d'une impertinence comique envers ceux de leurs camarades qu'ils considéraient auparavant comme leurs égaux en cervelle.

Un fait très-fréquent d'égoïsme mal entendu, bêtement entendu, c'est l'insolence envers ses égaux, et surtout envers ses inférieurs, — plaisir stupide ! jouissance de cretin ! L'insolence envers ses supérieurs par la position sociale, à la bonne heure ! voilà une jouissance que se peut donner l'homme qui se respecte et sent sa dignité.

Je gémissais un jour devant un ami du mépris général que le monde a pour la Botanique, cette science que je trouve si belle de philosophie, si pleine de hautes idées. Voici ce que l'ami a compris : 1° que ne me trouvant pas la cervelle assez bien organisée pour des études du genre des siennes, j'avais choisi une branche abandonnée, où je me trouvasse facilement le premier, étant seul ; 2° que m'étant à la fin aperçu que la Botanique est prisée ce qu'elle vaut, c. à. d. rien, et frappée du plus juste discrédit, ma vanité s'était trouvée blessée. Quelques jours avant, cet ami m'avait extrêmement étonné, il avait paru comprendre les beautés de la Botanique et la grandeur de mes idées Botaniques ; ce jour-là, il regardait la Botanique comme une belle science, et moi comme un Botaniste sublime ; j'étais stupéfait, car ce n'est pas d'hier que je me suis dit : « Je ne croirai jamais qu'un homme non Botaniste estime la Botanique, et qu'un homme m'estime, moi pauvre ». Mais bientôt, la suite de la conversation me donna la clef de l'énigme: mon ami voulait publier un Article satirique, avec personnalités virulentes ; ayant bonne envie de décrier ses ennemis, mais ne se souciant pas de se compromettre, il lui fallait un éditeur-responsable. Or mon ami, qui est un profond observateur, m'observe depuis long-temps, et grâce à son irrésistible pénétration, il n'a pas eu de peine à me percer le thorax de son foret divinatoire pour lire au fond de mon âme mes plus secrètes pensées; comme je ne suis pas bien malin, aujourd'hui mon ami me sait par cœur, et voici tout ce que je suis, à nu et sans périphrase : J'ai une cervelle fort médiocre et j'ai pleine conscience de ma médiocrité ; cependant je suis travaillé d'une monomanie, celle de faire parler de moi vaille que vaille; ne pouvant pas me faire un nom par mon mérite, je cherche à m'en faire un par mes singularités ; et je suis tellement entiché de cette idée, et tellement niais d'ailleurs, que pour le plaisir d'exciter de la rumeur et du scandale, je ne crains pas de me faire des ennemis au profit d'un autre. Quoique je ne me vante pas d'une perspicacité bien extraordinaire, j'ai nettement et clairement vu les finesses de mon ami ; et je suis si niais (il m'avait bien jugé en ceci), que pour lui rendre service, j'aurais pris la responsabilité de l'Article, qui n'attaquait que des hommes tarés, vraiment méprisables, mais puissans et redoutables par leur position sociale. Les circonstances changèrent, mon ami changea de tactique, renonça à son Article, et n'ayant plus besoin de moi, se rabandonna à ses sensations d'homme, qui sont de mépriser en thèse générale tout ce qu'on ne sait pas, et de mépriser tous les hommes autres que soi, dont moi. — J'aime à rendre service, c'est pour moi la sensation la plus douce, une sensation presque voluptueuse ; qu'on m'estime ou qu'on ne m'estime pas, j'obligerai tant que je pourrai tous ceux que je pourrai, par égoïsme, mon ami plutôt encore qu'un autre: qu'il vienne donc quand il aura besoin de mon aide, elle ne lui manquera pas.

Moi, je ne me suffis pas à moi-même ; il me faudrait pour que je fusse heureux, outre l'argent et les femmes, un ou quelques hommes mâles que j'estime et aprécie, et qui m'estiment et m'aprécient: je suis malheureux parceque je vois que tous ces diables d'hommes ne peuvent se résoudre à estimer et à aimer quelqu'un. Voilà *la Majeure* de mon Syllogisme. Puisque la société des hommes m'est nécessaire, je suis donc sensible et pas égoïste (*Mineure et Conséquence*). Mon ami ne voit là qu'un orgueil pyramidal, une vanité envahissante : lui, qui se suffit à lui-même, qui est assez convaincu de sa valeur pour ne pas sentir le besoin que quelqu'un la lui dise, il se trouve sensible et pas égoïste ; de vanité, pas l'ombre. En effet, l'homme qui, étant sûr de son mérite, ne s'enquiert pas de l'opinion des autres, celui-là est modeste assurément ; celui qui a comme une idée vague de sa supériorité intellectuelle, et qui va demander à ses amis : « Mais ne vous semble-t-il donc pas que j'aie de bonnes idées ? moi, je le soupçonne vaguement ; pour que j'aie en moi foi et confiance, il faut que plusieurs d'entre vous me le certifient » : — celui-ci, n'en doutez pas, est un présomptueux outrecuidant. D'ailleurs, tant de gens me l'ont dit (que dis-je : *tant ? tous* m'ont dit que j'étais présomptueux) que je me trouve obligé de le croire ; car ce serait pour le coup une intolérable présomption, que de me prétendre obstinément modeste, quand le genre humain adopte unanimement l'opinion contraire.

La Femme est un Appareil à Plaisir, une Batterie Jubilatoire, qui dégage du Fluide Voluptueux.

Il est 2 Amours, le Platonique et le Jubilatoire. (*Mémoires d'un Commis-Voyageur.*)

Dans le bon temps de la Bousingoterie, nous avions fondé une Bousingotière ; je n'avais là, en fait de Connaissances, qu'un seul ami, mais Bousingot des plus influens. Lui, il ne voyait, ne cherchait que 2 choses, les Femmes et l'Argent ; les mâles, il s'en ... comme de Colin-Tampon, et ne les prenait qu'en qualité d'instrumens de fortune à sa haute capacité, il en fesait des ânes à lui amener Femmes et Argent dans son moulin. Il en avait sans doute assez sans moi (d'ânes), car il ne s'inquiéta pas de ce que je devenais, il ne me présenta à personne ; si bien que j'étais là comme un pestiféré, tout le monde me fuyait comme un chien galeux. Ce que voyant, je me retirai, je donnai ma démission de Bousingot, la Bousingotade s'en tirerait comme elle pourrait. Je fis des reproches à mon ami de son procédé peu chrétien, peu égalitaire, peu fraternel, peu Bousingotique, peu républicain : « Ah tiens ma foi je ne savais pas, moi, que tu venais dans cette société pour faire des connaissances, il y a des gens qui vont en société pour être seuls, tu devais me dire que tu désirais les connaître, je t'aurais présenté et vous auriez été tout de suite amis comme cochons ». Voilà ce qu'il me dit, et moi je dis : C'est juste, j'ai tort. — Tiens, ami, écoute bien, voici ce que tu penses de moi : Je suis un original, c. à. d. que je prends les sottises pour des complimens et les complimens pour des sottises ; je suis tellement ridicule de toutes manières que je ne saurais réussir près d'une femme honnête qui se respecte ; j'ai l'esprit juste, mais borné ; j'ai très-bonne opinion de moi-même, et en cela je ne me rends pas justice.

Quelle que soit la perversité actuelle, on n'en est cependant point encore venu à désirer la mort de ses parens. Ils savent bien que cela ne la ferait pas arriver plutôt.

Nous aimons généralement les hommes qui peuvent nous inviter à dîner, quand même ils ne nous y inviteraient pas.

Un juge de notre bicoque se fait couper les cheveux à la Nouvelle-Lune pour qu'ils repoussent mieux. Il y a 2 crétinismes dans cet acte, d'abord de croire à l'influence de la Lune sur la pousse des cheveux, ensuite c'est qu'on se les coupe pour qu'ils ne repoussent pas, ou, comme on ne peut les en empêcher tout-à-fait, du moins le plus tard possible.

A présent comme toujours, il se trouve comme il s'est trouvé des gens pour dire que l'époque est plus vicieuse que les temps antérieurs ; mais une notable différence est que, jadis c'étaient les vieillards qui dénigraient le temps présent, aujourd'hui ce sont les jeunes-hommes. Qu'est-ce que cela présage ? je ne suis pas prophète, et je ne sais : mais cela doit présager quelque chose.

L'amitié, rara avis in terris, n'est pas un sentiment, c'est un instinct, qui se comporte chez les hommes absolument de même sorte que chez les bêtes. Voyez les chevaux, qu'est-ce qui fait naître l'amitié entr'eux? l'habitation côte à côte dans une écurie, quand ils sont jeunes. L'homme n'a d'amis que ses camarades d'école, on n'en peut plus faire d'autres. En vain courez-vous les carrefours, disant aux gens: M., vous vous ennuyez à crever, moi aussi, aimons-nous pour nous désennuyer. L'autre vous répond en bâillant: Du tout, je ne m'ennuie pas, il faut pour s'ennuyer être sot et méchant. — Grand' merci. La différence d'âge est encore un obstacle-monstre; jamais un quidam qui a 10 ans plus que vous, tant bête soit-il, ne voudra croire que vous le valez du côté de l'intelligence.

Le Lorrain est essentiellement vilain, tout le monde sait ça; voici pourtant un trait de vilenie qui dépasse l'imagination. Ce Mammifère se figure qu'on lui a de l'obligation quand il vous reçoit, c. à. d. quand il vous permet de venir lui rendre visite. Naturellement, rationellement, le plaisir de la visite étant réciproque, l'un n'a pas d'obligation à l'autre; mais le Lorrain n'entend pas de cette oreille, vous avez respiré son air, vous vous êtes assis sur sa chaise, vous avez usé son tapis, vous lui êtes obligé. Ils sont de force à prêter le bonjour. — Beaucoup de personnes que j'ai cessé de voir ne savent pas pourquoi je les ai plantées là: en voilà le motif. Je leur réitère que s'imaginer que je leur suis obligé parcequ'ils m'ont ouvert leur porte est une impertinence intolérable, une idée de cretin enrichi, d'épicier parvenu.

Il fut un temps où j'avais beaucoup d'amis, on me trouvait tout plein d'esprit et d'amabilité: alors j'étais chez ..., qui régalait ces MM. et Dames. Sorti de là, je suis aujourd'hui trop gueux pour régaler, donc je suis devenu pour tous un personnage fort insipide. Quand j'ai voulu me mettre à mes expériences sur le cœur humain, j'aborde l'ami mâle ou femelle N. 1., et je lui dis: « Je me figurais qu'on m'aimait pour mes agrémens personnels, et il n'en est rien, on n'aimait que ma soupe et mon punch » ; l'ami me répond : « Ma foi ! c'est ben sûr ». L'ami N. 2. m'a dit aussi : « Ma foi ! c'est ben sûr », et tous à la file. Voilà comme sont les Jeans, en Lorraine.

Pour être chéri des hommes, qu'est-ce qu'il faut ? de l'esprit? Nenni, vous blessez par le fait seul ceux qui n'en ont pas, et, chose bizarre, souvent même ceux qui en ont. Un noble cœur? Item, pas davantage. Il faut être farceur : l'épicier du 19e siècle a le sentiment de sa dignité, et il le fait consister à faire caprioler la dignité des autres ; l'épicier enrichi reçoit l'homme d'intelligence en qualité de bouffon.

Un de mes amis, bonhomme au fond, point trop sot, quoique Académicien, n'a pas de plus grande jouissance que de rencontrer un homme qui ait une profonde blessure au cœur, il enfonce le doigt dans la plaie et l'y retourne pour la faire saigner tant que possible. Cet Académicien-là n'a pas l'âme noire, oh ! je ne dis pas cela, mais d'un gris assez foncé, d'ailleurs bon père, et le plus excellent des maris. J'étais une trouvaille précieuse pour lui, à cause de mes chagrins domestiques d'abord, et surtout en ma qualité de génie méconnu,—qui, ayant conscience de sa force, est sûr d'atteindre la gloire s'il a des matériaux, et qui, faute d'argent, se voit dans l'impossibilité peut-être éternelle d'obtenir ces matériaux nécessaires à son noble travail. Aussi mon Académicien d'ami m'a-t-il cultivé : moi je le laissais faire pour l'observer, et je voyais la volupté s'épanouir sur sa face chaque fois qu'il avait bien déchiré ma plaie. Mais il ne sera pas dit qu'il m'ait tant de fois fourré le doigt au cœur impunément, je lui promets une histoire complète de ses sensations. Il est lui-même un sujet précieux pour l'observateur, en ce qu'il raconte tout haut sans vergogne ce que beaucoup d'autres sentent peut-être, mais se gardent bien d'avouer : il dit tout cela dans un langage tout explicite, d'une noblesse et d'une élégance digne d'une Académie plus distinguée. Dieu ! grand Dieu du ciel ! qu'elle est perruque, cette Académie ! O monstre cretin aux 39 têtes, conserve-les long-temps pour désopiler les rates du Département !

Crétinisme va bientôt devenir le Fond de la Langue Française.

Je ne reçonnais pas les Imparfaits du Subjonctif, je nie ce Mœuf disgracieux.

Beaucoup d'hommes, supérieurs, médiocres ou épiciers-marchands-de-ficelle, ont la manie de la Physiognomonie, à un degré risible, et une fois qu'ils ont assigné un certain caractère à une certaine figure, le Diable et le Tonn. d. D. ne les en feraient pas démordre. La considération la plus décisive pour l'établissement de leur diagnostic, c'est celle des habits ; pour eux, tout homme mal vêtu porte une mauvaise figure, et un habit neuf est un visage d'honnête homme. Anecdote: En allant à Paris, j'avais une Lettre-de-Recommandation pour le Dr Nacquart, médecin distingué ; je me présente chez lui vêtu en prolétaire, suivant ma coutume. Inutile de dire qu'il ne m'engagea pas à le revoir, ceci n'est pas de la Physiognomonie, mais j'y arrive. Il eut idée, entendant le timbre de ma voix, que j'avais la Voûte Palatine siphylitiquement perforée ; j'ouvre ma bouche aussi grande que la gueule d'un âne, et il peut s'assurer que ma bouche est propre comme l'anus des filles d'Humberville. Eh bien, n'importe, il demeura convaincu que, s'il n'y avait rien, il devait y avoir quelque chose.

Pour qu'un Parti réussisse, il est indispensable que le Chef soit un Intrigant ; un Chef-de-Parti trop honnête-homme est la mort du Parti. La raison en est assez simple, l'honnête-homme se laisse flouer à bouche-que-veux-tu par tous les Attrape-nigaud-s du Parti contraire, lesquels sont Intrigans, bien entendu, sans quoi ledit Parti aurait échoué. Croyez-m'en, citoyens, un Lafayette est une vraie bénédiction pour le Parti-servile.

Les inconvéniens de la Probité et de la Physiognomonie réunis dans un seul homme, Trait de Mœurs. — Un Député Républicain ganachissait à la Chambre, il devenait Panade au point de prêter ses boules à l'enragé Casimir, nous ne savions vraiment sur quelle herbe il avait marché. Il avait marché sur l'herbe de Physiognomonie; il écrivit un jour à ses Commettans (j'ai *vu* la lettre), il écrivit : « J'ai envisagé la noble figure de Perrier, et je me suis dit que la Politique d'un si beau visage ne pouvait point être ignoble, quelles que fussent les apparences ». Nous n'étions pas convaincus, nous autres, mais là, pas du tout. Et je crois bien que nous ne l'avons pas renvoyé à la Chambre, malgré sa Probité, peut-être à cause de sa Probité abracadabrante, et pour lui donner le temps d'oublier ses billevesées (billesvessées selon Ménage) ses billevesées physiognomoniques.

« Tu te fâches, donc tu as tort », pour être renouvelé des Grecs, n'en est pas moins le plus gros, le plus gras, le plus bête, le plus énorme Crétinisme que la Sottise en Délire-sénile ait inventé jamais.

Une des stupidités humaines que j'admire le plus, c'est qu'ils ne peuvent parler *Politique* sans se dire des injures; ils appellent ça *s'échauffer*. Cependant la Politique, discutée philosophiquement, serait un sujet de conversation inépuisable et du plus haut intérêt. Il va sans dire que 2 hommes d'opinion contraire se regardent réciproquement comme des imbéciles (politiquement parlant): les Faits sont connus de tous 2, les Prémisses sont les mêmes, ils tirent des Conclusions différentes; ils ne peuvent avoir raison tous 2; si l'un a raison, l'autre a tort, nécessairement; et il est fort naturel que chacun croie avoir raison. Il faut donc, quand on veut parler Politique en telle occurrence, poser amiablement en principe que chacun considère l'autre comme un niais. Mais ce qui amène toujours la brouille et le grabuge, c'est qu'on suspecte réciproquement sa moralité, et voilà l'absurde; car il est notoire que *moralité* et *parti* n'ont rien à démêler ensemble, et qu'il y a dans tous les Partis des Probes et des Gredins.

J'ai vu des Apothicaires s'entr'*échauffer* à propos d'un Texte de Loi !

Un estimable troupier disait dans *le Napoléon*, Journal de l'Armée : « On parle de la Révolution de Juillet,.. qu'est-ce qu'elle a fait pour les Soldats-du-Centre ? ils n'y ont gagné ni la moustache ni l'épaulette, ni le sabre, rien ». Cette idée est une des plus impayables que j'aie vues dans ma vie où j'en ai tant vu. Il y a là-dedans quelque chose de rationnel ; après une Révolution populaire, plus de privilégiés, plus de troupes d'élite ; pourquoi refuserait-on aux Pousse-cailloux du Centre la moustache, le sabre, l'épaulette, l'instruction et le bouillant courage des Guernadiers, l'aimabilité du Voltigeur ? Les Apothicaires, eux, c'est à la Révolution de 89 qu'ils ont gagné de ne plus manœuvrer la seringue ; la Glorieuse n'avait plus rien à leur donner. Quand je dis « gagné », c'est une question ; y ont-ils gagné, y ont-ils perdu ? ils ont perdu en argent ce qu'ils gagnaient en dignité. Sous l'Ancien-régime, règne de la tradition et des coutumes inaliénables, l'Apothicaire était inféodé de père en fils au service de la bouche et du rectum, comme d'autre part le rectum du Citoyen était inféodé aux services de l'Apothicaire. Enfin Mirabeau vint, qui de sa voix tonnante abattit les maîtrises ; le Citoyen eut toute liberté de s'administrer lui-même les adoucissans, les rectums furent émancipés. Certainement les Citoyens ont gagné à cela, prendre ses lavemens à toute heure et à plus juste prix, c'est joli : mais les Apothicaires ? franchement, je crois qu'ils y ont perdu.

Les hommes n'aiment pas les gens à prétention : chacun voudrait être seul à en avoir. Ce serait assez doux, effectivement.

Il y a 2 choses que le monde ne pardonne pas, l'homme, la supériorité intellectuelle, à l'homme, la femme, la beauté, à la femme.

Je crains cent fois moins les méchans que les sots : le méchant vous fait du mal tout juste ce qu'il faut pour son bien ; l'imbécile vous frappe comme un âne, souvent même au risque de s'estropier lui-même.

J'avais une *position* superbe : une femme que la Loi Naturelle devait porter à l'embellir encore, si possible, s'est, à l'instigation d'une pécore qui la domine, amusée à me la faire perdre,... parcequ'elle a trouvé *que je ne lui causais pas assez.*

Quand un jeune-homme parle de suicide, si doux que ce soit, l'homme mûr ne manque pas de jeter feu et flamme, il accumule mauvaises sur mauvaises raisons. Croyez-vous que c'est philanthropie? Nenni, car il ne fera rien de ce qu'il pourrait pour atténuer vos souffrances. C'est qu'une idée de mort quelconque trouble sa digestion, altère sa quiétude. Un individu qu'il a vu la veille causer et rire, le voir étendu sur le carreau, sanglant et défiguré, l'os frontal emporté, la cervelle à nu et broyée, c'est triste, c'est dans le cas de lui faire faire un mauvais rêve.

La seule bonne raison qu'on ait donnée contre le Suicide, c'est celle du bien à faire. Il est incontestable qu'un homme a tort de se tuer quand il est utile à ses semblables. La Société (dans le meilleur des mondes possibles) repose sur cette base : « Faire aux autres ce qu'on voudrait qu'il nous fût fait » ; quand chacun mettra cette maxime en pratique, tous seront heureux. Mais à l'heure qu'il est (3 h. du matin, 1er Février 1836), il n'est pas aussi facile de faire du bien qu'on veut bien le dire. Il faut être riche, pour cela, et quand on est riche, on ne se tue pas. Moi je nie formellement qu'un homme pauvre puisse faire du bien. Les gens n'acceptent que les aumônes de monnaie : un pauvre ne pourrait donner que des idées (et certes je ne nie pas que des idées puissent faire du bien), mais on n'en veut pas ; de ses idées, on repousse les aumônes de cette nature comme un affront. Je conclus que, dans beaucoup de cas, le Suicide est rationnel et très-licite.

Ils disent que le Suicide est une lâcheté. Cette proposition me paraît si abracadabrante que je ne suis pas bien sûr de la comprendre. Car d'abord, pour se tuer, il faut du courage, incontestablement. Comment? vous proclamez brave celui qui, dans une bataille, encourt une chance de mort sur 20 de salut, celui encore qui, dans un duel sérieux, événement rare, risque une chance sur 2, et vous appelez lâche celui qui va droit audevant de la mort? Mais c'est un non-sens, mais la bravoure, le courage, ce n'est rien autre chose que de s'exposer sciemment à une mort possible; et celui qui s'expose sciemment à une mort certaine, celui-là n'aura plus de courage? Absurde, absurde. Vous pouvez dire que c'est un courage déplacé, etc., je vous laisse dans cette direction le champ libre, mais ne dites pas que c'est une lâcheté.

Je voudrais bien savoir quel courage il y a à un pauvre diable de traîner dans le mépris public une vie misérable? alors il y aurait aussi du courage à recevoir des soufflets sans se battre et à se promener par les rues au bruit des huées.

Oh! certes il faut du courage pour se tuer. J'ai pour règle générale dans mes appréciations, d'estimer ceux qui font des choses que je ne suis pas bien sûr de pouvoir faire. Or, il me semble que j'encourrais bien, sans trop me faire tirer l'oreille, une chance de mort sur 20; le cas avenant, et quand il me serait mathématiquement démontré que je ne puis m'en dispenser, probablement j'encourrais une chance sur 2, quoique ceci, je l'avoue naïvement, soit déjà une pilule fort âpre à avaler; mais sacrebleu, 1 chance sur 1, l'affaire mérite considération.

Le Suicide, ce n'est rien du tout, c'est moins que rien quand c'est fini, ça, je ne le nie pas; mais c'est le moment d'auparavant qui est dur à passer. Je voudrais bien vous y voir, vous qui trouvez cela si facile.

Les hommes se souviennent éternellement de la plus minime offense reçue d'un faible, et ils s'en vengent le plus cruellement qu'ils peuvent ; l'injure reçue d'un puissant, ils l'oublient et ne font pas mine de la sentir, et ils la sentent peu. Je ne conçois pas cela. Si jamais je parviens à une haute position (et je ne mets pas en doute que j'y parviendrai, si je vis), un criquet pourra me dire impunément que je suis un mauvais Botaniste ; mais tant que je ne serai rien, tant que je serai ce que je suis, moins que rien, on ne me le dira pas sans s'en repentir.

De tous les Botanistes qui m'ont vu, pas un ne s'est douté que j'étais susceptible de devenir quelque chose en Botanique. Ce qui me fait beaucoup rire. Je crois (modestie à part) avoir montré que je pouvais faire quelque chose d'un peu plus propre et d'un peu mieux qu'un Botaniste ! que je pouvais faire un Philosophe. Ne riez pas.

Je ne connais rien de si bête que la modestie comme on l'entend. Être modeste, selon les hommes, c'est se faire si petit qu'on entrerait dans un trou de souris ; c'est s'estimer beaucoup moins qu'on ne vaut, se dissimuler, chercher à se vaporiser. Que si on entend par modestie s'estimer tout juste ce qu'on vaut, pas un gramme de plus, alors la modestie est une belle chose. Mais en conscience peut-on demander qu'un homme ne sache pas ce qu'il vaut ? Nancy possède un Chimiste célèbre qui est extrêmement bonhomme, je ne dis pas le contraire, et d'une modestie proverbiale : quand on vous parle de lui dans le Département, la 1re chose qu'on vous chante, c'est sa modestie ; il est si modeste qu'à l'entendre il ne sait rien de rien ; vous lui demandez si l'oxigène rallume les corps en ignition, il répond : « Je ne sais pas, Peut-être » ; on ne peut pas tirer de lui un mot de Chimie. Ses confrères de l'Académie-de-la-Triste-Figure lui font de cela un mérite pyramidal. Mon dieu ce n'est pas la peine, c'est tout bonnement une insouciance égoïste : pourquoi se fatiguerait-il la mémoire à rechercher des faits? pourquoi se mordrait-il la langue à les énoncer? dans le seul but de vous servir? ah bien oui, comptez là-dessus. Est-ce que l'homme va en société pour procurer de l'agrément aux autres? non, c'est pour que les autres lui en procurent. J'aimerais pour mon compte que quand je me trouve avec des savans, ils me communiquent un peu de leur science; mais en cela comme en bien d'autres points, je suis seul de mon espèce, et j'ai tort. Il faut honorer les saints comme on les connaît; les hommes ne veulent pas qu'on leur donne des idées, gardez-les, vous avez double profit, la volupté de la paresse et la gloire de la modestie.

A mesure que l'homme se déprave, il croit se perfectionner. Les jeunes-gens ont généralement des sentimens généreux ; à 25 ans on tombe dans l'indifférence, et à 30 dans l'égoïsme sale. L'individu de 30 ans, 40 si vous voulez, prend en pitié le jeune-homme au cœur chaud et se trouve soi-même bien supérieur parcequ'il se sent le cœur parcheminé. Entre 30 et 40, on s'embrigade communément dans ce stupide égoïsme à 2 qu'on appelle Mariage.

Pour sauver la vie d'un homme, un citoyen ne donnerait pas un coup de pied à son roquet.

L'homme ne manque jamais de vexer son semblable, quand il peut le faire impunément.

Dans tout ce que j'ai dit, je n'ai pas dit un mot sur ma vaste famille. Tudieu ! comme on rirait !

Les hommes ne nous traitent pas d'après leur jugement personnel, ils nous traitent comme ils nous voient traiter. Ce bon Jacquemont, si malicieux observateur pourtant, s'étonnait colossalement de voir tous ces Anglais si froids fondre leur glace à sa gaieté ; mais Jacquemont nous apprend qu'il avait beaucoup plu à Lady Bentinck : dès lors ne pas le trouver adorable devenait une monstruosité de mauvais goût. Ah! si de fortune il n'avait pas touché Milady, nous aurions vu ce qu'il aurait fait avec toute son amabilité ; ces MM. lui auraient rendu des coups de chapeau bien glacés, et nul n'eût voulu rire de ses saillies. En tous temps, en tous pays, le peuple singe son maître.

Plat devant ses supérieurs, insolent pour ses inférieurs, pouah! fi ! quelle sale bête ! l'homme !

Voici l'éducation que j'ai reçue. Mon père me disait : « N. d. D. ! veux-tu bien ne pas marcher nu-pieds sur le carreau, tu vas t'enrhumer » ; ma mère me disait : « Monsieur, il faut être comme tout le monde ». Quels Spartiates on doit produire avec ces principes-là!

Ma mère ne pouvait m'enseigner les usages, attendu qu'elle ne les sait pas. Comme personne ne voulait me les apprendre, disant que tout le monde doit les savoir en sortant de l'utérus, et comme j'avais cependant le désir de vivre en société, j'essayai de deviner ces usages par la logique. Je me dis : « Ne faire de peine à personne, plaisir à tous » ; ce doit être ça. Je n'y étais pas. Les usages, c'est de savoir le bout par où casser l'œuf, de quel bras on se mouche, etc. Dans ma politesse de Paysan du Danube, j'ai fait diablement de gaucheries, s'imagine-t-on ; je jugeais les autres d'après moi ! Quand je portais intérêt à un homme, j'allais lui dire quels étaient ses ennemis et ce qu'ils disaient de lui. J'étais dèslors consigné à cette porte-là, chacun est si convaincu de son mérite qu'il ne peut pas croire que quelqu'un le conteste. Qu'un malheur réparable tombât sur un individu, je volais le consoler ; mais en cas de malheur irréparable, je restais chez moi: à une mort de parent chéri ? que diable faire ? si je pouvais le ressusciter, je me dépêcherais ; mais je ne vois pas de consolation possible après une mort. J'ai été jeune, alors j'avais un cœur comme un autre ; j'ai senti des morts et les ai pleurées amèrement : les consolations m'étaient insupportables, il me fallait une solitude complète, car je voulais pleurer et je ne pleure pas devant témoins. J'avais une sensibilité vraie, et je jugeais la douleur des autres d'après la mienne, malheur à moi ! j'ai indisposé par là bien des gens. Ne devais-je pas savoir que dans tout décès, les larmes ne sont que sur la figure et que la succession est dans le cœur ? Quel manque d'usage ! les autres savent ça en venant au monde. Mais la joie de la succession a un correctif, l'ennui du deuil, et pendant le deuil pas de spectacle, pas de concert, peu de promenade : les affligés ont besoin d'être *distraits*, d'autant plus besoin qu'ils n'osent pas le dire. Que voulez-vous ? j'ignorais cela, moi, je n'ai pas été précoce. A présent, par exemple, je sais, et j'en sais long ; si j'ai appris tard, j'ai appris vite : à présent que je connais la vie du monde, mon œil a pleuré tout ce qu'il devait pleurer, ma glande lacrymale a sécrété tout ce qu'elle devait verser, je le dis la main sur le cœur, à présent que le monde m'a appris à vivre, terrible précepteur ! désormais je ne pleurerai plus.... que quand on m'arrachera des dents.

Quand j'ai voulu me mettre sérieusement à la Botanique, je députai un mien ami vers ma mère pour la tenter ; il représenta que voulant faire de la Science mon métier, ma vie, j'avais besoin d'une certaine mise de fonds en livres pour commencer mon exploitation. Ma mère

Comminciolli a dir soave e piana,
Con angelica voce, in sua favella :

« Ah oui, je vois ; son père avait la manie des tonneaux, et lui c'est la manie des livres ». — J'aurai passé de l'obscurité à la lumière sans que ma famille m'ait donné le moindre témoignage de son existence, nul ne s'est seulement informé de moi : ils ne me rendent pas mes visites et me reçoivent mal. Je suis pauvre, ce qui est déjà un vice ; je suis mal vêtu, ce qui est un crime. Ah! quand on a reçu de l'expérience des leçons aussi sévères que moi, quand on s'est trouvé aux prises avec la vie comme moi, le cœur est mort, il est resté sur le champ de bataille : et c'est bien heureux, car on deviendrait fou.

« Avec lui, on n'était pas forcé de pressentir le grand homme en herbe, la grande puissance intellectuelle méconnue et comprimée ». Bien senti! il y a une observation profonde dans ce mot de la sublime Georgina. On voit par le monde des nuées de rimailleurs d'après Barbier, Lamartine, Hugo, qui se proclament effectivement méconnus et font les désespérés : encore si leur désespoir était à eux, mais non, c'est le désespoir du siècle, stéréotypé pour le fond et pour la forme ; entendre un désespéré, c'est les entendre tous. Je ne trouve pas que ce ridicule me soit imputable : ce n'est pas comme écrivain méconnu que je me donne, le but où j'aspire est infiniment moins haut. Je restreins mes prétentions aux Sciences d'Observation si dédaignées de MM. les Sous-poètes, et à la Science d'Observation la plus décriée, celle qu'on appelle si élégamment une Science de mots, la Botanique. Ce qui me désespère, c'est ma conviction intime que si j'avais les matériaux nécessaires, je montrerais aux perroquets que la Botanique n'est pas du tout une Science de mots, que les mots n'y jouent qu'un rôle très-secondaire, que le Glossaire est tout de suite appris, mais qu'alors seulement on se trouve au seuil de la Science, et que de mon point de vue cette science est immense comme les colonnades de Palmyre. Quant à mon désespoir en lui-même, je crois qu'il a le mérite d'être bien mon désespoir propre, et que je l'ai formulé dans un style sinon splendide, du moins à moi particulier, quoique appartenant à la grande famille romantique. Victor est romantique, Alphonse aussi, Auguste tout de même, Georgina encore plus, et quoi de plus différent que Georgina, Barbier, Lamartine, Hugo? Il me semble que mon style ressortit de l'École des 5 Hommes-d'état qui rédigent la partie si savamment politique du Charivari. — J'ai tenu à me scissionner d'avec les désespérés de pacotille, qui ne se contentant pas d'être absurdes, sont encore d'une insupportable impertinence. Depuis que je suis Botaniste (et pauvre, surtout), ils ne daignent plus me parler: ils me quittent au milieu d'une phrase pour jouer aux dominos avec un riche épicier.

La Femme est un animal intermédiaire entre l'Homme et le Singe. (Il va sans dire que de l'Espèce *Homme*, j'exclus les épiciers et les marchands de ficelle.)

J'appelle *femme supérieure* toute femme avec laquelle je puis causer comme avec un homme médiocre. (De la Race *Homme-médiocre*, j'exclus, bien entendu, les marchands de ficelle et les épiciers.)

La femme juge très-mal les poésies, ou plutôt ne les juge point; elle ne sent pas du tout le mérite du style, ne comprend pas le sublime, elle ne goûte que les fadaises. — Une femme a toujours des gens qu'elle adore et des gens qu'elle déteste (sans motif, ce qu'on appelle ici *prendre en grippe*). Lisant un Roman, elle reconnaît dans tous les scélérats la personne qu'elle hait, et dans tous les héros la personne qu'elle aime; elle amalgame les vices les plus incompatibles et les qualités qui s'excluent l'une l'autre, sans s'inquiéter des impossibilités.

Pour la femme, un Roman est bon ou mauvais selon qu'il renferme ou ne renferme pas des situations qu'elle puisse assimiler de près ou de loin à sa situation présente. Et il faut voir comme elle tire de loin ses similitudes : l'héroïne, quelconque, c'est elle, le héros, quel qu'il soit, c'est son amant; les personnages secondaires, ce sont ses amis, amies et connaissances: il faut de nécessité que tous les acteurs du drame passent dans la peau du Négociant, de l'Avoué, des femelles qui fréquentent la maison de Madame, comme il faut que l'Avoué, le Docteur, Mesdames tel et tel endossent la défroque de MM. Phébus, Quasimodo, etc. — J'ai connu une femme à qui on fesait un pont-d'or si elle avait voulu se contenter d'un vice honnête, sans esclandre. Cette femme lit *Valentine*, il n'y a pas de mal. Mais elle voit ensuite dans je ne sais quelle *Revue* un pompeux éloge du sublime *Soyez tranquille* de Valentine, voilà mon enragée qui, pour singer Valentine, fait tant de tapage et de scandale qu'elle force son mari de la planter là : elle compromet l'honneur et la fortune de son mari, elle met son amant dans la plus pénible et la plus insoutenable position, elle s'expose elle-même à crever de faim, ... le tout pour la plus grande gloire de Valentine.

La femme est tout sentiment : quand il s'est agi de loger le raisonnement, le grand célibataire des mondes s'est aperçu qu'il n'y avait plus de place.

Les malins trouveront mon style fort négligé, je m'en ... C'est que, voyez-vous, je ne m'attache qu'à la pensée ; quand j'ai pu la formuler avec force, profondeur et concision, je ne m'amuse pas à lécher mes phrases. Pourquoi prendrais-je tant de peine ? pour des hommes ? ah ben ma foi ! N'allez pas croire non plus que quand j'hésite sur une orthographe, je me fatigue à ouvrir un dictionnaire ; je suis une autorité !

Je compte 4 espèces d'hommes, l'homme de génie, l'homme supérieur, l'homme médiocre et l'épicier.

L'athéisme est imphilosophique, le sage doute en Dieu.

Cet imbécile de Jean-Jacques a eu la sottise de devenir fou quand il a vu que les hommes étaient des gredins : il avait de la bonté de reste. Se tuer, à la bonne heure. La vie solitaire est ennuyeuse, la vie sociale est impossible, puisque les hommes n'ont ni cœur au ventre ni entrailles dans la poitrine ; quand on est courageux, qu'on n'éprouve pas cette crainte vague de la mort, cette instinctive horreur de l'anéantissement qui arrête tant d'individus, qu'on se tue, c'est très-bien : mais s'affliger ! non.

Une autre fameuse bêtise de Rousseau, c'était de s'éreinter à corriger les hommes. L'homme est mauvais de nature, foncièrement mauvais, originellement mauvais ; il n'est pas même dépravé. L'égoïsme et la vanité résultent de son organisation comme la station verticale, et il est aussi impossible de le rendre bon que de le faire marcher à 4 pattes

More ferarum, quadrupedumque ritu.

Récompense honnête à celui qui pourra me dire à quoi sert la Morale. Depuis que je vois des hommes sur la terre, je vois des philosophes et des législateurs essayer toutes les combinaisons possibles pour moraliser ces animaux, employer tous les moyens imaginables, les inventions les plus simples comme aussi les plus baroques pour les rendre vertueux ;—et je ne vois véritablement pas que nous soyons plus avancés qu'au premier jour du monde, nous n'avons pas fait un pas depuis le commencement des temps historiques. Tout a marché, tout a progressé, les arts, les sciences, les idées ; la vertu a posé sa halte dans les boues du Déluge, et elle tient encore sa halte dans les boues de notre époque, après soixante siècles de vains efforts.

XLVII. Flore Lorraine, *appel aux sourds.* Pour faire une bonne Flore, il faut : 1° Avoir le *Sens Botanique*, c'est-à-dire posséder un tact assez subtil pour sentir les différences spécifiques au coup d'œil, avant toute analyse raisonnée ; 2° Avoir assez de Livres pour pouvoir déterminer ses Plantes ; 3° Herboriser beaucoup. Soyer réunit les conditions 1° et 2° à un degré suffisant pour faire une Flore passable, mais il n'herborise pas, ni ses occupations, ni sa santé ne le lui permettent ; on peut même dire qu'il n'a jamais herborisé. Je suis donc le seul en état de tenter l'œuvre. Mais il faudrait que les Coureurs voulussent m'aider. Ne leur serait-il pas immensément avantageux d'avoir des Déterminations certaines de leurs Plantes ; et n'est-ce pas les acheter à bon marché que de m'apporter quelques échant. tant frais que secs ? Eh bien je les connais, ils refuseront. Que j'aie des Plantes d'Italie, et ils me donneront de leurs Plantes tant que j'en voudrai, échant. pour échant., voilà comme ils entendent la chose ; sinon, ils m'en souhaitent. Par un inconcevable Crétinisme, ils refusent mes Déterminations et mes Espèces : je serai donc réduit à mes 2 jambes pour courir, à mes 2 bras pour piocher, à mes 2 yeux pour regarder, à mon seul dos pour rapporter [1]. On voit qu'il ne m'est guère possible de faire une Flore, et cependant moi seul le puis; je ramasserai le plus de matériaux possible, mais il est peu probable que j'ose m'embarquer dans une Flore. Quelle vexation ! si, après un travail épuisant, après des années de fatigue et d'abnégation consacrées à mon œuvre, le 1er âne venu peut venir me dire « Vous avez omis ceci et cela » ; et il n'y a pas le moindre doute, chaque Coureur gardera bien précieusement sa trouvaille pour me faire la farce. Quel plaisir pour eux de me vexer, bêtement surtout, puisque ce sont les vexations bêtes qui font le plus endiabler un homme capable.

Il faudrait aussi trouver, dans les diverses localités de la Province et des Provinces voisines, des Botanistes assez complaisans pour vous envoyer frais les Végétaux que vous leur demandez, et surtout, point majeur, capital, assez bénins pour vous envoyer beaucoup d'Échantillons. Ces demandes coûtent assez cher : « M., voudriez-vous m'envoyer tel végétal ? » — Cy... 1 fr.

[1] Je ne parle pas de mon Quadrupède, ou je le note seulement pour mémoire : ce Quadrupède est une jeune fille, d'un physique agréable, et d'un naturel très-doux ; il ne se défend pas, même quand on le rudoie; il mange peu et travaille beaucoup.

« M., je me ferai toujours un vrai plaisir » — Cy... 1 fr. Vous expédiez une boîte—Cy... 3 fr. La boîte revient avec 2 Échant. Cy... 3 fr. — Total... 8 fr. — 4 fr. l'Échant., c'est cariuscule, pour ne pas dire cher. Quand on dépense 8 fr. pour une Espèce, on aime d'avoir assez d'Échant. pour l'étudier, ce qui ne se peut faire à moins de 20 ou 40, qu'on garde pour l'herbier : et quand on fait tant que de dépenser 8 fr. pour une Espèce, on désirerait en avoir de quoi donner toute sa vie. Donc, si on dépense 8 fr. pour une Espèce, il faut, pour ne pas regretter son argent, recevoir au moins 400 Échant. Va-t-en voir s'ils viennent, Jean! Trouvez donc des gens qui vous envoient 400 Échant. Le Correspondant prend le *nom* que vous lui avez fait, transcrit les notes que vous lui avez confiées, ramasse beaucoup d'Échant., vous en expédie 2 avec de la belle paille, et puis envoie beaucoup d'Échant., avec le nom et les notes, à un Botaniste de Paris, et vous avez la jouissance un beau jour de lire dans les Archives : « M. un Tel, de Tel endroit, vient de découvrir et de m'envoyer Telle Plante, je l'ai étudiée, et de là résulte que... Signé, le Savant de Paris ».

Pour faire une Flore, il faut avoir 20,000 fr. de rente : le malheur est que quand on a une telle rente, on regarde la Botanique comme au-dessous de soi. Supposons que j'aie 20,000 fr. de rente, je pourrais faire de ma bicoque une nouvelle Athènes, j'inspirerais le goût des sciences à tous les hommes de moyens, je fournirais des livres à ceux qui n'en peuvent acheter, je recevrais, je réunirais souvent tous ces hommes, je leur montrerais à s'aprécier, à s'estimer, à s'aimer les uns les autres, je les déciderais à s'entr'aider, quelle impulsion je pourrais donner aux Sciences! Mais qu'arriverait-il? bien certainement, sur le nombre, il se trouverait quelques hommes aussi capables que moi, et probablement quelques autres plus capables : ma vanité serait cruellement blessée, et finalement, j'aurais dépensé mon argent pour élever au-dessus de moi plusieurs personnes, partant, pour me rabaisser d'autant. La chose est palpable, le calcul mathématique ; il est clair que, si tous les hommes supérieurs au vulgaire que Nancy renferme se mettaient à la Botanique avec des matériaux suffisans, j'aurais bientôt perdu la 1re place et me trouverais rejeté en 5e ou 6e ligne. C'est peu engageant. Quand on a de la fortune, c'est pour soi, et non pas pour les autres ; il faut donc chercher un moyen de dépenser ses revenus à son profit : si on ne les dépense pas, à quoi sert-il d'en avoir ? La vie matérielle prend 5,000 fr. au maximum : que pourrais-je donc faire des 15,000 autres ? Après les jouissances physiques, je ne vois guère d'autres jouissances possibles que celles de vanité. Donner des fêtes, c'était bon pour les Financiers du 18e siècle, ils avaient l'immense jouissance de lutter de faste avec les Nobles, et même de les éclipser : aujourd'hui qu'il n'y a plus de Noblesse, donner des fêtes, c'est tout bonnement faire jouir les autres sans jouir soi-même. Or, par le temps qui court, la Philantropie seule peut procurer des jouissances de vanité : je me lancerais donc dans la Philantropie. Mais dans quelle branche ? On ne peut pas choisir la vertu, ce serait doubler Monthyon et se mettre en concurrence avec l'Académie Française ; certes là je ne brillerais pas, l'Institut et moi, ce serait absolument comme le Soleil et une croûte de pain derrière un coffre. Dans les prisons, j'aurais à redouter les hommes spéciaux, évidemment trop formidables. Ce qu'il y a de mieux en Philantropie, c'est l'Éducation : je prends des bambins le plus arriéré possible, les petits rustres de nos campagnes barbares, je m'enfonce dans un village où nul ne puisse savoir ce que je fais sinon que je me livre à la branche de la Philantropie dite Éducation, je leur apprends l'ABC, je les moralise, je leur recommande de ne pas se tapper les uns les autres, leçon que n'oublieront jamais les faibles, je leur enseigne à respecter le bien d'autrui, ce que probablement chacun fera quand il aura amassé de quoi vivre, je leur prêche la sobriété en attendant que vienne l'âge de boire, et je leur démontre les dangers du libertinage quand ils auront une femme. Les journaux font leur métier de journaux, entonnent mes louanges dans toutes les gammes, font ronfler à qui mieux mieux mes vertus, mon désintéressement, ma modestie; bientôt la Philantropie me porte au Conseil Municipal, puis au Départemental : le Député de l'Arrondissement vient à tourner l'œil, vite je me présente, quel Électeur au cœur dur oserait repousser un Philantrope ? ce serait se mettre toute la Philantropie à dos: enfin qui sait? la Pairie, peut-être; aujourd'hui la Philantropie mène à tout, c'est véritablement un chemin-de-fer. Du Diable si je serais arrivé à tout cela par la Botanique. La Botanique est une Science de meurt-de-faim-s, elle n'est cultivée que par des prolétaires ou par des jeunes-gens de famille qui ont l'avantage de jouir encore de leurs parens; ils ne sont pas plutôt devenus riches, qu'ils s'empressent de mettre la Botanique aux vieilles savates. Il est très-probable que si j'avais 20,000 fr. de rente, je ferais de même; car enfin, je ne peux pas croire que je sois meilleur que tous les autres, et puisque je les vois tous enragés Botanistes tant qu'ils sont pauvres et forcenés philantropes sitôt qu'ils ont du bien, j'en conclus que dans la même position j'agirais comme eux. Les hommes, dans leurs jugemens, ont le grand tort de ne pas assez peser cette considération de la position; ils vous disent hardiment: « Si j'étais riche, je ferais ci, je ferais cela », et partant de là comme d'un fait incontestable, ils blâment en toute assurance. Moi je procède autrement; quand je vois une même cause produire constamment le même effet, je ne me contente pas de trouver bizarre et de condamner, je me dis qu'il doit y avoir là quelque loi physiologique inconnue, et je cherche à la découvrir, à la formuler; voilà la véritable Psychologie, voilà la saine manière d'édifier la Science-de-l'Homme, les rêveries Allemandes sur ce sujet sont des enfantillages, des songes de poète, ou moins honnêtement des insomnies de malade. J'admets donc comme une loi de la nature humaine que dans notre siècle, la richesse engendre la Philantropie. Et mon opinion est d'autant plus impartiale qu'aujourd'hui, dans ma position pécuniaire présente, je sens tout différemment, je suis de feu pour les Sciences Naturelles, un grand Naturaliste est pour moi le beau idéal de l'Homme. Dans mes idées actuelles, le spectacle le plus magnifique à voir est celui de l'homme de génie aux prises avec les obstacles de tous genres, luttant contre la misère pour suivre son étude, et déployant toutes les ressources de son énergie pour couler son œuvre en bronze durable. Il me semble que si j'étais riche, je comprendrais les souffrances de cet homme et saurais y compatir, que je m'empresserais de rendre témoignage à son génie, que je proclamerais son mérite et le ferais apercevoir à ceux qui l'entourent, que je m'efforcerais d'aplanir sa route et d'en arracher les épines, qu'enfin je ferais mon possible pour l'aider de toutes manières. Voilà ce qu'il me semble aujourd'hui, et si je n'écoutais que mes sensations présentes, je mettrais ma tête à couper que je ferais tout cela si j'étais riche: eh bien, il y a mille à parier contr'un que 20,000 fr. de rente me tombant du ciel un jour de St.-Sylvestre, toutes ces idées m'auraient passé de la tête au 1er janvier; je deviendrais Philantrope comme les autres.

XLVIII. *Les ports-de-lettres et la civilité.* J'admire le savoir-vivre de ces gens qui ont un service ou un renseignement à me demander, et qui me font débourser 12, 20, 30 sous, *par délicatesse.* Moi, je me comporte tout au contraire; quand j'ai un renseignement ou un service à demander, je mets ma délicatesse et mon savoir-vivre à affranchir ma lettre: je trouve que c'est déjà bien honnête de faire faire à un Savant un sacrifice de temps pour lire ma missive et y répondre, sans encore lui tirer son argent de sa poche ; car les Savans ne sont pas riches, ordinairement. Je conçois qu'un Grand-seigneur de 300,000 fr. de rentes veuille, *par ton,* payer tous les ports des lettres qu'il reçoit ; c'est un ton comme un autre ; et puis il est censé qu'un Grand-seigneur a un plaisir si vif à vous obliger qu'il ne regarde pas à une dépense d'argent, au contraire, c'est un accessoire qui rehausse d'autant le prix du service. Mais entre Savans, il n'est pas besoin d'y aller par 4 chemins, de quintessencier la politesse. Les amateurs avec qui je ne suis pas en relation et qui auraient à me demander ou un renseignement ou un service n'auront qu'à affranchir leur missive ; sinon je les tiendrai pour malotrus et ne leur répondrai mie. Quand j'offre ma Correspondance à un Individu, j'affranchis ; s'il accepte, il y a délicatesse de sa part à affranchir sa réponse, après quoi nous n'affranchissons plus l'autre ni l'un. Si, moi écrivailleur, j'établis une Correspondance de Consultation avec Koch ou Rchb., j'affranchis et ils n'affranchissent pas, c'est naturel, puisqu'en voulant bien me répondre, ils m'obligent considérablement et me font un grand sacrifice, celui de leur temps précieux. Avec des Savans plus bas placés dans l'échelle des réputations, bien bas placés, à mon cran, j'affranchis d'abord, et s'ils acceptent, nous n'affranchissons plus. Ces principes sont si simples que, l'eusses-tu-cru, ils n'ont pas besoin d'être énoncés, tombant sous le sens commun. Eh bien, point! il pleut de par le monde des gens sans-gêne qui vous font financer en vous demandant un service.

Avis. Des gens d'une indélicatesse inqualifiable ont pris depuis peu une habitude qui peut causer aux Sciences un grand préjudice: les spéculateurs Parisiens de toute sorte envoient leurs circulaires à tous les gens de province dont ils se procurent l'adresse je ne sais comment. Je reçois à l'instant une circulaire du Vicomte Omnibus-Café-Restaurant qui me tire 12 sous de la poche, absolument comme le pourrait faire un adepte dans l'art de détrousser les voyageurs. Or je crains fort que cette farce ne soit pas la dernière ; plusieurs personnes de ma connaissance ont été obligées de renoncer à toute correspondance, parcequ'il leur pleuvait de ces lettres lithographiées. Si, comme il n'est que trop probable, j'éprouve encore de ces désagrémens, je me trouverai forcé de ne recevoir que des lettres franches, et cela me causera un grand damn ; les Matadors de la Botanique me font beaucoup d'honneur en répondant à mes demandes et je ne puis décemment leur dire d'affranchir leur lettre. Il est donc évident que cette infernale idée des Charlatans spéculateurs va entraver d'une manière terrible le progrès des Sciences, car tout le monde sera obligé de refuser toute lettre payante. J'ai déjà vu dans les Journaux plusieurs plaintes à cet égard, et on paraît ne pas apercevoir de remède au mal. J'en propose un. — Tout nouveau délit demande une peine nouvelle : eh bien il ne faut qu'une toute-petite loi pour rappeler MM. les Spéculateurs à la délicatesse. Ces circulaires, ayant pour objet de recommander une Spéculation, sont signées nécessairement, on sait d'où elles viennent. Nos législateurs n'ont donc qu'à formuler une amende. C'est un vol que cette indélicatesse des Spéculateurs, rien de plus juste que de le punir, et rien de plus facile, avec un petit bout de loi. Et qu'on ne rie pas, il est très-important de punir cette tromperie: non-seulement elle porte aux Sciences un coup fatal, mais encore au Commerce.

XLIX. Mon Testament. J'ai souvent agité avec moi-même la question de savoir comment je disposerais de mes *Livres*. La première idée qui se m'est présentée fut de les donner à la Bibliothèque dite Publique. Mais tout aussitôt j'ai réfléchi que c'était les enterrer tout vifs et sans profit aucun: je n'ai pu tirer de mon vivant aucune utilité de cette marmite d'Institution, et les choses iront de même après mon trépas. Il serait cependant bien facile de la réglementer de manière à la faire servir, les moyens en tombent sous le sens.... c'est une raison pour qu'on ne les emploie jamais. L'Autorité est travaillée à cet égard d'une préoccupation qui emportera toujours toute autre considération, elle craint qu'on ne mange ses livres. Effectivement il pourrait y avoir quelque risque à prêter *à tout le monde ;* et ce qu'il y aurait de mieux peut-être, ce serait que le Bibliothécaire prêtât d'après connaissance personnelle aux gens studieux et diligens. Mais tout gardien est Cerbère de son métier, tout agent de la force publique, tout dépositaire de l'Autorité se refuse par principe à obliger le simple citoyen ; plus il rendrait de services, plus on lui en demanderait, et il aime mieux employer son temps pour soi. Prêter ainsi les livres augmenterait la besogne du Bibliothécaire, multiplierait les écritures, etc. ; il encourrait même une certaine responsabilité. On peut parer à ce dernier inconvénient ; j'avais demandé à emporter seulement les livres remplaçables en cas de perte ou dommage, et j'offrais de consigner une somme supérieure à la valeur de l'ouvrage : l'impitoyable m'a refusé net, me vomissant au nez les saletés de son règlement [1]. Ainsi donc, foin de la Bibliothèque dite Publique ! — Donner mes

[1] Je disais à S. : Pourquoi ne pas me prêter Morison ? vous ne craignez pas le dégât de ma part, vous m'avez prêté de vos propres livres et avez pu voir que j'étais soigneux à les préserver et prompt à les rendre ; en cas d'accident, vous savez que je peux payer. Pourquoi donc ne pas me prêter Morison ? depuis 10 ans que vous êtes là, je parie qu'on n'est pas venu le consulter une seule fois. « Si fait, dit-il, on l'a demandé *une fois* », farceur ! J'ajoutais : Qui est-ce, à Nancy, qui pourrait consulter Morison ? Monnier l'a ; il ne reste donc que Suard, et il pourrait aussi bien le consulter chez moi. « Oh non, Suard peut en avoir besoin, il faut qu'il ne quitte pas la bibliothèque ». On me le refuse parceque Suard pourrait le demander, et on le refuse à Suard parceque je pourrais en avoir besoin. L'aimable espiègle que notre Bibliothécaire !

livres à mon Exécuteur testamentaire comme cadeau d'usage serait rationnel, mais aurai-je besoin d'un Exécuteur ? Dans le cas de la négative, je désire les donner à un homme qui s'en serve dignement, comme on donne une lame orientale à un sabreur distingué, à quelque Général qui flaire le Bâton. Je cherche un jeune-homme de moins de 30 ans, un jeune-homme de moyens, et ardent, qui ait l'esprit observateur, assez de fortune pour n'être pas obligé de faire un métier, et qui veuille se consacrer exclusivement à la Botanique. Il me faut un jeune-homme comme j'étais à 23 ans. Mais je n'en vois pas. (*M'écrire franco.*)

Même embarras pour mon *Herbier*. Il ne faut pas penser aux Bibliothèques de province ; le Muséum de Paris le refuserait, et ferait bien. Il y a cependant quelque importance pour la Science à ce que cette pièce-là ne se perde pas ; il serait fâcheux qu'un imbécile allât disséminer ces Échant. que j'ai tant pris de peine pour rassembler en grand nombre. Mon herbier est fait, pour beaucoup de nos plantes locales, sur un plan comme je n'ai vu aucun autre, plan gigantesque, tel que, si tout le monde se met à les faire à ma façon, cela doit avoir sur la marche de la Science une influence incalculable. Donc, faute de jeune-homme, je ne vois que Gay, ce le plus consciencieux de nos Observateurs, qui puisse comprendre ce que j'ai voulu faire. C'est donc à lui que je lèguerai mon herbier, avec la somme nécessaire pour payer le transport : comme généralement on ne me croit pas sur parole, il serait possible, il est probable même que, sans cette précaution, il déclinerait le legs. Mais de la sorte, Gay ne courra aucun risque ; s'il juge le meuble inutile, il n'aura que la peine de le jeter au feu, et encore le papier lui restera.

Généralités. Il est nécessaire pour les progrès futurs de la Science, pour éviter l'accumulation indéfinie des ?, qu'il s'établisse une Jurisprudence en matière d'herbiers, je propose la suivante. Les herbiers des gens qui ont fait beaucoup d'Espèces ou un ouvrage général, un Syst. regni veget., une Flore, les herbiers-types en un mot, doivent être donnés à une Collection Publique d'une grande Capitale, pour que tous les intéressés puissent les consulter, et pour que la négligence ne les laisse pas pourrir. Que deviendrait-on, si les herbiers de DC., de Rchb., de Fries etc. disparaissaient? (que celui de Koch vînt à se perdre, il y aurait moins d'inconvéniens; ses plantes sont, *la plupart*, si complètement décrites, que c'est comme si on les avait vues.) Il est nécessaire que ces herbiers soient dans un grand centre. La famille de Lapeyrouse a certes offert un noble exemple en donnant son herbier à la ville de Toulouse, mais qui diable ira passer 6 mois à Toulouse dans le seul but d'étudier un herbier? Et d'autre part, les inspections faites à la hâte sont déplorables. Il faudrait aussi que ces herbiers-types si précieux fussent dans une ville où on les consulte. Qu'est-ce, par exemple, que les Anglais font de l'herbier de Linné? puisqu'ils n'examinent que les plantes de leur nation. Ah! si cet herbier était en Allemagne, il y a long-temps que tous les doutes seraient levés: mais en Angleterre, il ne sert à rien du tout, il est infiniment moins utile à la Science, que s'il était resté en Suède [1]. — Les particuliers qui n'ont pas écrit, ou peu écrit, qu'ils aient un herbier magnifique ou minime, devraient se faire un devoir de le transmettre à un Botaniste, à un jeune, de préférence. Car qu'arrive-t-il à présent? on passe sa jeunesse à ramasser des matériaux: quand on vieillit, les héritages vous arrivent pour acheter Livres et Plantes, vous avez enfin des matériaux suffisans; mais à cet âge on aime le repos, on n'a pas l'habitude d'écrire, et on ne veut pas risquer

[1] Les hommes à herbier-type devraient faire, de leur vivant, ce que fait Gay, avoir 2 herbiers, celui des Plantes examinées, devenues *types* par conséquent, et celui des Plantes à examiner, qu'on fait passer dans le 1er à mesure qu'on les a étudiées: avis à DC.

de compromettre par un mauvais livre sa réputation, locale ou européenne, de Savant. Le lecteur vient de se dire : « Josse », je le parierais. Il se dira ce qu'il voudra ; en mon for intérieur, je connais trop bien les procédés de l'espèce humaine à mon égard pour espérer que qui que ce soit me donne jamais quoi que ce soit. La mesure que je propose, exécutée en grand, sur tous les herbiers de seconde classe ou non-types, serait tellement utile à la Science, que s'il ne fallait, pour la faire adopter, que m'engager d'honneur à ne rien accepter, je le ferais de par Dieu, Koch et Jussieu. . . . .

Ma *fortune*, à présent. Ma famille étant la cause génératrice de mes malheurs, je voulais la déshériter : je me suis mis à chercher alors à qui je pouvais avoir des obligations grandes ou petites. Or j'ai trouvé que personne ne m'avait fait de mal positif, mais tous ont refusé de me faire le bien qu'ils pouvaient ; ceux à qui j'ai demandé beaucoup m'ont refusé beaucoup, ceux auxquels peu, peu. D'un autre côté je ne veux pas donner ma fortune à une Institution Publique, puisque ces Institutions sont si bêtement organisées qu'elles sont tout-à-fait inutiles. Bref, hors quelques centaines de francs détournées pour récompenser quelques dévouemens obscurs et quasi-quadrupèdes, sans grands résultats du reste pour moi, mais fort désintéressés jusqu'ici, je laisserai très-probablement ma bourrelle jouir de ma dépouille entière.

L. *Eau dans mon vin*. Je ne sais pas si on prendra toutes mes billevesées au sérieux ; si quelqu'un les y prend, ça m'est égal et je ne me dédirai pas. Si mes victimes se tiennent cois et pacifiques, je me fais un vrai plaisir de donner des explications : je vous le dis en conscience, mes chers frères du Monde Savant, tous les gens que j'ai peints si noirs n'ont pas à beaucoup près la scélératesse qu'on pourrait croire. Je ne veux pas dire par là que j'aie menti, que j'aie calomnié : non, tous les Faits articulés par moi sont profondément vrais, même dans leurs plus petits détails, mais je conviens qu'il y a trop de couleur et trop d'énergie dans l'expression. Soyer, par exemple, que j'ai attaqué en Boull-dogue, n'est pas bon, on ne peut pas dire qu'il soit bon, mais comme je ne vois pas qu'aucun autre soit meilleur, on ne peut pas dire qu'il soit méchant. Il a eu tort de donner comme sien un Travail de Reichenbach, et je crois même que très-peu de ses Travaux à lui soient complètement originaux; mais, eu égard au peu de temps qu'il lui est possible de consacrer à notre Science, c'est un Botaniste remarquable, et je ne pense pas qu'il y ait présentement en France 6 Botanistes de sa force pour la connaissance des Espèces Européennes. Il m'a réellement désobligé en refusant de me céder, parceque c'était moi, un livre qui, de son propre aveu, ne convenait ni à lui ni à personne autre que moi; il m'a encore désobligé en me laissant expulser du Jardin Botanique, quoiqu'il sût bien que je n'avais aucun tort; il m'a humilié en gardant la petite plante Bretonne inconnue que je pouvais étudier aussi bien que lui; enfin il a abrégé de 10 années ma vie scientifique en refusant de me donner quelques leçons. Ce refus m'était d'autant plus pénible qu'il avait grand intérêt, lui forcément cloîtré dans son cabinet, à s'attacher un coureur intelligent. Dès mes premiers pas dans l'étude, il avait pu s'assurer souvent par lui-même de la justesse, de la sagacité et de la profondeur de mes observations; en me consacrant 2 heures par semaine pendant un Été, il m'aurait appris à observer méthodiquement, à me servir des livres et à rédiger mes observations. Mes observations lui revenaient de droit tant que je n'étais pas moi-même en état de les coordonner. Quand plus tard, à une époque déterminée par lui, il m'aurait jugé digne de m'associer à ses travaux, n'aurions-nous pas trouvé chacun un immense avantage à étudier ensemble, à faire des travaux collectifs? Et quelle reconnaissance profonde, immense, inépuisable n'aurais-je pas eu, moi jeune-homme enthousiaste, à 16 ans, à cet âge où l'égoïsme et l'ingratitude se voient si rarement, pour le Maître qui m'aurait ouvert l'accès d'une Science vers laquelle je me sentais irrésistiblement entraîné? Ah! les hommes-faits ne se doutent vraiment pas de tous les trésors de générosité, de dévouement, de reconnaissance, de désintéressement que peut renfermer une belle âme de jeune-homme, passionnée pour toutes les grandes idées d'avancement des sciences. A cet âge, on est emporté à travers la Science par un enthousiasme qui rend facile tout ce qui est humainement possible; il y a une telle abnégation de soi-même, qu'on n'aperçoit la fatigue, les privations, les dangers même, que pour s'y élancer avec délices. C'est alors que rien ne vous arrête, c'est alors que vous bravez la mort si vous entrevoyez quelque chance de gloire ou d'être utile. Mais quand on s'est un peu frotté au contact des hommes, quand on a vu que chacun, sous son plâtre de beaux sentimens, ne porte que les mesquines préoccupations de son petit égoïsme, la générosité, l'enthousiasme, le désintéressement, toutes les vertus vous crèvent au cœur comme une vessie qu'on frappe du pied, tout cela s'évapore sans résidu. Alors on entre dans une période de haine et d'emportement contre ce monde si différent de ce qu'on s'était imaginé, alors on ne voit qu'abomination de désolation. C'est à ce douloureux période que je suis actuellement: je jette mes gourmes d'imprécation, d'indignation, de reproches amers: tant pis pour ceux que je croyais quelque chose et que j'ai trouvés nuls; je conçois que c'est fâcheux pour eux, mais j'ai le cœur trop plein pour ne pas l'épancher, le vider complètement. C'était un irrésistible besoin pour moi. Je sais que ce peut être malsain: eh bien ma foi, n'importe; à présent je n'ai aucune jouissance, je souffre un martyre sans rémission... qu'est-ce que je pourrais craindre? Si l'original d'un de mes portraits a la lubie de m'emmener sur le pré, j'irai sur le pré: si mon ex-maître exige que nous nous crevions respectivement la bedaine, nous nous crèverons la bedaine. — Enfin quand on a parcouru toutes les phases de ce période de réaction haineuse, désenchantée, on arrive au calme plat que le monde appelle la vie sociale; on finit par se caser dans son petit chez soi: quand on est parvenu à s'abrutir suffisamment, on commence à prendre goût au biftek, au bon bouillon; on ne voit plus les hommes en laid, parcequ'on ne les regarde pas; on a un miroir et on s'occupe à se regarder soi-même, on se voit toujours beau; on se figure qu'on a des idées, on se trouve infiniment d'esprit; comme personne ne vous crache au visage, on se croit très-considéré; on prend du ventre, on se ménage le café pour mieux dormir; on ne se marie pas si on veut être maître chez soi; on s'amuse à dire et penser du mal de tout le monde; on se réjouit (tranquillement) du mal qui arrive à ses amis, on se chagrine (mais paisiblement) du bien qui leur surviendrait; on rudoie les adolescens studieux, on donne de petits coups de pied sur la tête aux jeunes-hommes de talent qui tenteraient de s'élever sur l'eau; on s'aplatit devant les heureux de la terre, on insulte et raille les souffreteux qui ne peuvent se venger; on parle beaucoup de morale et de vertus chrétiennes, qu'on applique d'après les principes que vous savez; on n'étudie plus et on condamne toute idée nouvelle pour n'avoir pas la peine de l'examiner... en un mot, on descend le fleuve de la vie jusqu'à ce que vienne le moment de s'embarquer dans la barque à Caron. Et on a vécu, et on se dit: « Étais-je bête quand j'étais jeune! je pensais!!! »

LI. Je désire vivement connaître (*franco*) l'opinion des hommes compétens sur mon ouvrage, favorable ou au contraire. Je ne reconnais pour compétens que 5 hommes en France, Gay, Petit et Requien, — en Allemagne, tous: mais pour le Fond seulement, non pour la Forme. Pour juger sainement de ma Forme, il faut être homme d'esprit, et d'après connaissance à moi personnelle, les Botanistes Français ne sont pas susceptibles d'être rangés dans cette catégorie : je récuse les Allemands, sur leur réputation — fors Reichenbach, qui m'a paru avoir l'esprit d'un Littérateur Français (l'esprit n'est pas une denrée si commune en France qu'on veut bien le dire, dans telle classe de la société que ce soit).

LII. Si quelqu'un des Criquets que j'ai charivarisés réclame, il m'obligera ; j'aurai ainsi l'occasion de donner de piquans détails que je pourrais avoir omis dans la chaleur d'un premier jet.

Mais, je le répète de peur qu'on ne l'oublie, je vis dans une telle séquestration, que je ne pourrai connaître les réclamations des mécontens que s'ils veulent bien m'adresser un exemplaire des sottises qu'ils auront pu avoir à déblatérer contre moi. Sinon, je préviens le Monde Savant qu'il devra les regarder comme non-avenues, car il est trop aisé de me réfuter quand je ne suis pas là pour me défendre ; quand j'y suis, c'est une paire d'autres manches,... d'autant mieux que (je crois pouvoir le dire sans fatuité et modestie à part), c'est dans *la réplique* que je suis délicieux, assommant, féroce. Je ne me souviens pas d'avoir jamais eu le dessous dans une discussion, quand il se trouvait là une galerie impartiale et compétente ; j'entre d'emblée au cœur de la question, j'empoigne mon adversaire, je l'étouffe, je le terrasse et je le roule, il se sauve honteux comme un renard (tout cela est métaphorique, bien pense-t-on, car on se figure aisément que je n'ai aucun goût pour les parties de toupet).

LIII. Les Imprimeurs s'arrogent à présent le droit de Censure. Mon 1er Imprimeur m'avait imprimé 3 Feuilles [1], et passablement abracadabrantes, je m'en flatte ; alors il n'avait pas d'accointances avec Soyer. J'interromps ma publication pour cause de maladie, et dans l'intervalle, S. promet à mon gars de lui donner les Serviettes de notre Académie à imprimer. Or il est bon de savoir que S. est le Factotum, le Figaro de cette illustre

[1] Ces 3 Feuilles étaient imprimées long-temps avant les Lois d'Intimidation.

Compagnie ; il ne se donne pas dans l'Académie de Nancy un coup de rasoir, de lancette ou de piston, qui ne soit de la main de ce damné Bibliothécaire. Le Typographe, craignant de se mettre la docte Assemblée à dos et de s'attacher S. aux f..... comme un feu grégeois, me signifia que j'eusse à retrancher mes accusations de Plagiat contre S., ou à leur appliquer le terme plus honnête d'Emprunts, et à biffer mes boutades anti-académiques : « Séparez votre œuvre en deux, me disait-il, j'imprimerai la partie scientifique, et vous ferez imprimer à part et par un autre la partie abracadabrante et satirique ». Nenni-dà, M. l'Imprimeur, ma partie satirique publiée toute seule ne serait qu'un libelle inintelligible et méprisable, tandis que mon but est précisément de lier le Satyricon au scientifique tellement qu'ils soient soudés d'une soudure indissoluble. Sans la partie scientifique, mes satires ne rimeraient à rien ; mais une fois rivées à la scientifique, immortelle de sa nature, j'imprime au front de mes ennemis un stigmate indélébile, qui persistera tant que durera la Botanique et tant que vivront les Plantes que j'ai étudiées. Voilà le tour de force, voilà le neuf de mon affaire : tout le monde peut dire des injures, et je ne salirai certes pas ma bouche à proférer comme tout le monde des injures vulgaires ; moi seul puis enchasser l'injure dans la Science assez intimement pour qu'elle fasse corps avec et en demeure inséparable à toujoursmais.

LIV. Je dépose décidément la plume, car je sens ma verve tarir. Comme un amant quand point l'aurore, qui, fatigué d'une nuit de plaisirs, n'obtient plus de ses efforts que quelques âcres gouttes d'un fluide aqueux et sanguinolent, je sens l'éjaculation de mes idées qui s'arrête, je vois que je me répète et que je tombe dans la charge. Au revoir, hommes, je ne sais quand, sur la terre ou dans le ciel :

If not on earth, we meet in heav'n.

TABLE.

[1] «Peut-on être Académicien de Nancy!!!» (*Montesq. Lettr. Persanes.*) faut-il qu'un homme.....!!

www.ingramcontent.com/pod-product-compliance
Ingram Content Group UK Ltd.
Pitfield, Milton Keynes, MK11 3LW, UK
UKHW020455200726
13857UKWH00002B/715

9 782011 7820